绿色基础设施：公园规划设计

吕明伟　潘子亮　黄生贵　编著

U0376282

中国建筑工业出版社

嘉定紫藤园（上海公园中心 朱虹霞 拍摄）

图书在版编目（CIP）数据

绿色基础设施：公园规划设计 / 吕明伟，潘子亮，黄生贵编著.
北京：中国建筑工业出版社，2015.9（2022.12 重印）
（新城镇田园主义 重构城乡中国丛书）
ISBN 978-7-112-18372-2

Ⅰ.①绿…　Ⅱ.①吕…②潘…③黄…　Ⅲ.①公园 - 园林设计
Ⅳ.①TU986.2

中国版本图书馆CIP数据核字（2015）第198154号

　　本书回顾了18～19世纪现代公园以及城市公园运动的产生、发展历程，指出随着全球城镇化的发展，公园的内涵和外延进一步扩展，并开始纳入城市公共设施，成为城市重要的绿色基础设施，由以单个的城市公园来缓解城市环境问题，发展到以公园体系来更有效地解决城市发展中出现的诸多问题，有效促进了城镇化的可持续发展。通过全国数家设计院的22个项目设计案例研究，分析了城市综合公园、街旁公园绿地、郊野公园、体育公园、购物公园、媒体公园等不同类型公园的设计理念和方法。

责任编辑：杜　洁　兰丽婷
责任校对：李美娜　关　健

新城镇田园主义　重构城乡中国丛书
绿色基础设施：公园规划设计
吕明伟　潘子亮　黄生贵　编著
*
中国建筑工业出版社出版、发行（北京西郊百万庄）
各地新华书店、建筑书店经销
北京中科印刷有限公司印刷
*
开本：889×1194毫米　1/20　印张：9³/₅　字数：328千字
2015年9月第一版　2022年12月第二次印刷
定价：85.00元
ISBN 978-7-112-18372-2
　　（27526）

《新城镇田园主义 重构城乡中国》丛书编委会

主　　任　刘家明

副 主 任　孟宪民　公冶祥斌　李　亮　任国柱　申　琳　高　进

主　　编　吕明伟　黄生贵

副 主 编　潘子亮　郭　磊　蔡碧凡　李先军　刘　芳　孙起林

常务编委　耿红莉　谢　琳　袁建奎　张　新　陈　宾　刘　洋

　　　　　陈　明　李彩民　张舜尧　董文秀　田相娟　范　娜

学术秘书　王南希　余　玲

《绿色基础设施：公园规划设计》编写组

主　　编　吕明伟　潘子亮　黄生贵

副主编　林　鹰　袁建奎　田相娟　刘　洋　黄　然　么永生

编　　委：

毛子强	潘子亮	张雪辉	王路阳	王　晓	孔　阳	梁　源	王毓莉	田孝团	董文秀
肖晓炼	么永生	韩　蕊	万　军	杨　旭	王　晶	于　杨	王　炎	于　静	徐　倩
李　昆	李路文	莫小刚	应子江	王志龙	文　伟	黄　正	徐　昊	曹建劲	欧阳高奇
袁建奎	曹金清	唐恒鲁	欧阳煜	欧　鸥	李　昆	刘大伟	曹晓钧	郑　甜	王琦琪
闫　龙	宋秋平	田文革	宋　阳	周　宇	黄锦钊	黄　然	任艳君	孙少婧	蔡秀琼
秦嘉远	秦嘉远	孙文骏	王希智	胡雁凌	李晓霞	路　萍	朱克凡	杜　韬	黄　瀚
张　媛	杜　仲	朱立东	程天成	张慧娴	白　羽	曹　楠	孔宪华	郭若琳	李　兵
刘　辉	范　娜	康　瑜	马　鑫	蒋冠宇	周　燕				

总序一　新城镇田园主义

2011年，中国城镇化率已经达到51.27%，城镇人口首次超过农村人口，达到6.9亿人，到2013年，中国大陆总人口为136072万人，城镇常住人口73111万人，乡村常住人口62961万人，中国城镇化率达到了53.7%，具有悠久历史的中国完成从农业社会结构向以城镇为主导的社会结构的转变。这一转变过程迄今已经历近百年，预计到2030年，中国城镇化率有可能达到70%左右，基本完成城镇化。21世纪，中国新型城镇化进程将对全球发展产生深远影响，随着中国新型城镇化规划与建设步伐的加快，我们必须重新审视我们的城乡规划思路和方法、重新审视人与自然环境的关系。

在全球城镇化发展浪潮中，每一次城镇化的大发展都能产生里程碑式的规划思潮和方法，第一次英国的城镇化浪潮大约用了近200年时间，在这期间诞生了《明日的田园城市》这本城市规划的伟大著作，奠定了近代城市规划学发展的基础。第二次美国及北美国家城镇化浪潮从1860年到1950年，用了90年的时间，在这期间诞生的区域规划学说以及后来的设计遵从自然、新城市主义、精明增长等新的规划思潮涌动，继续探寻着城市之间以及城乡之间和谐发展的理想模式。被称为第三次城镇化浪潮，即我国的城镇化过程与美国城镇化过程几乎一样长，约一百年左右。但是中国城镇化不同于英美等发达国家和地区的城市化道路，中国是世界上人口最多的国家，面临着人地关系矛盾突出、资源短缺、地区发展不平衡、速度与质量不匹配等诸多挑战。发展的时代需要科学的理论指导和科学的实践方法，更需要理论研究成果转化成解决实际问题的实战技术。

显然，自19世纪末、20世纪初针对现代城市发展的现代城市规划学诞生以来，理想城市发展模式的世纪探索从未停止，比较著名的规划理论和思潮如城市公园运动、城市美化运动、田园城市理论、卫星城镇理论、有机疏散理论、新城市主义、景观都市主义、生态都市主义等。然而这些极具远见、思潮澎湃的规划思想一方面多关注于城市发展，对于乡村地区的发展并没有给出很好的思路；另一方面其思想创新有限，即便是在解决西方发达国家自身的城市发展上也乏善可陈，更远远不适应发展中国家和转型国家所面临的挑战和问题。

没有了山水田园牧歌式的理想，"田园将芜胡不归"？我们的家园又该何去何从？以心为形役，规划思想上的拿来主义，反映在城市规划建设上就是可怕的规划功能主义盛行，城市也就没有了思想灵魂，如此这般又怎么指导我国城镇化规划建设的可持续发展呢？

因此，中国的城乡规划建设领域需要自己"接地气"的规划理念和思想，来满足新型城镇化进程中现实发展的需求，切切实实解决中国城乡大地上遇到的问题。新城镇田园主义规划理念的提出符合政策，合乎时宜，不失为一种新的城乡规划思想方法。

新城镇田园主义是在中国传统的山水田园自然观、天人合一哲学思想的基础上提出的城乡一体化发展构想与规划理念，对于推动形成人与自然和谐发展的城乡一体化新格局具有一定的启发意义。

从文化传承看，中国人历来钟情山水田园，从孔子《论语·雍也》中的"智者乐水，仁者乐山"、庄子《庄子·知北游》中的"山林与，皋壤与，使我欣欣然而乐欤"、魏晋陶渊明的"采菊东篱下，悠然见南山"到20世纪90年代钱学森提出的山水城市，再到中央城镇化工作会议公报中"让城市融入大自然，让居民望得见山、看得见水、记得住乡愁"，中国人的山水田园情结源远流长，承传了数千年。

从人文地理空间角度看，新城镇田园主义理念从自然物质空间渗透到生活空间和精神空间，从山水延伸到林田、乡村和城市，贯穿于广泛的时空、资源、环境、城乡之间，所提出的以山为骨架，水为脉络，田为基底，林为绿脊，城（镇、村）为内核的山—水—林—田—城（镇、村）和谐发展的山水田园城市（镇、村）人居环境建设模式，有利于重塑和谐的城乡生产、生活、生态空间，重构人文环境与自然环境相协调、融合的城乡一体化空间格局。

从规划理念看，新城镇田园主义是在新型城镇化快速发展背景下提出的，认为山水田园城市（镇、村）、绿色基础设施、产业集聚区等是新型城镇化建设、统筹城乡区域发展、重构城乡中国的重要组成部分。山水田园城市（镇、村）为城乡居民构筑和谐的人居环境；绿色基础设施重塑国土大地景观，重构城乡中国的生态基础；产业集聚区发展加速产业集聚，增强城镇化建设进程中的"造血"功能，强力支撑城乡发展。中国传统的山水田园文化以及以此为基础形成的自然观、哲学观应用到现代城乡规划建设中，并为之提供一套完整的规划思路和可行方案来解决城乡规划建设中复杂的现实问题，具有重大的规划思想创新性，但更需要长期、艰辛的探索和努力。

新城镇田园主义重构城乡中国是一种期许，也是一个目标，真实而生动地凝聚了中国天人合一的哲学思想精髓和数千年来华夏传统文化中的山水田园情结。

我们每一个人都可以为国家和民族的发展贡献自己的一份力量，规划设计师更是责无旁贷！《新城镇田园主义 重构城乡中国》丛书，内容丰实、观点新颖，理论联系实践，是国内数十家规划设计院与相关科研院所的合作结晶，是在对规划案例实践进行归纳总结基础上编写而成，是我国最新研究新型城镇化规划设计的一套著作。全套丛书理论和实践相结合、文字论述和图纸图表相结合，表现形式好，可读性和应用性强，能为我国新型城镇化建设提供良好的启发和经验借鉴。

当前，中国新型城镇化、城乡统筹发展再度进入改革推动新发展的重要时期，且进入取得历史性突破的关键时期。党的十八大首次专篇论述生态文明，把生态文明建设摆在五位一体的总体布局的高度来论述，首次把"美丽中国"作为未来生态文明建设的宏伟目标，并明确指出"把生态文明建设放在突出地位，融入经济建设、政治建设、文化建设、社会建设各方面和全过程，努力建设美丽中国，实现中华民族永续发展。"产业发展、社会繁荣、城乡和谐，山水田园，美丽中国，是一种真实存在，也是人们为之向往和追求的中国梦。

每一位华夏炎黄子孙心中都有一块田园，一个梦想，田园梦、中国梦真实生动地深深扎根在中国人的心中，激励着每个中国人为国家的发展繁荣和中华民族伟大复兴而奋斗。

是为序！

中国科学院地理科学与资源研究所
刘家明　研究员、博士生导师
2014 年 11 月

总序二　新城镇田园主义　重构城乡中国

——21世纪风景园林师的责任和担当

在世界文化交流史上，东学西渐比近代的西学东渐要早得多，有着一千多年的历史。东学西渐是一个和西学东渐互相补充的过程，对世界文化的发展有十分深远的影响。其实很久以来，欧洲就一直渴望了解中国，早在罗马帝国时期，中国的丝绸作为一种奢侈品就曾在上流社会引起轰动，古丝绸之路也由此成为连接东西方之间经济、政治、文化交流的重要载体，上下跨越了2000多年的历史。

早期西方商人和旅行家，尤其是传教士，是东学西渐的重要使者，"中国热"在欧洲开始流行。17~18世纪欧洲文化思潮中引发了中国文化热的一个高潮，"中国热"盛行，东学西渐，汉风正劲。这一时期正值清朝的康乾盛世，疆域辽阔、社会安定、经济繁荣、文化昌盛……中国的盛世图景惊羡了整个欧洲，中国文化艺术开始引领欧洲时尚，中国的文学、艺术、建筑园林等文化的各个领域对英国乃至欧洲产生了重要影响。

18世纪，随着圈地运动、启蒙思想运动以及东学西渐等各种社会文化思潮的影响，日不落帝国英国相继出现了坦普尔、艾迪生、蒲伯等热爱中国文化并歌颂美丽大自然的自然风景式造园思想家，为自然风景更加深入人心奠定了基础，使整个国家都沉浸在对于自然风景、乡村景观的热爱与追求之中。一时间，英国贵族和资产阶级更加崇尚乡村田园和自然风光，精心经营并开始美化自己农庄牧场，风景式造园热潮高起，人人都在美化自己的园子，全国面貌焕然一新。因此1760~1780年，即工业革命开始时期，成为英国庄园园林化的大发展时期，也是英国自然风景式造园的成熟时期。

实际上英国在城市化开始以前，即完成了乡村地区国土大地景观的重构，走的是乡村包围城市的路子，这是与美国和中国大不相同的地方。

英国作为工业革命的摇篮和世界上城市化水平最高的国家之一，乡村田园成为这一国家的景观标志和国家特征，尤其是受风景式造园影响最深远的英格兰，英式乡村景观成为其民族景观形象的缩影，被普遍认为是真正的英格兰之心。如今，起伏的地形、蜿蜒的河流、自然式的树丛和草地，以农场和牧场为主体的乡村景观，在很大程度上构成了英国国土景观的典型特征，成为英国国家景观的象征。当然，威廉·肯特、朗斯洛特·布朗、威廉·钱伯斯、汉弗莱·雷普顿等造园大师功不可没，他们的努力改变了英国18世纪国土大地景观，重塑了一个全新的英国国家景观特色。

可以这样理解，在18世纪下半叶，英国工业革命开始时期，庄园园林化发展达到巅峰，持续上百年的自然风景式造园完成英国乡村地区国土大地景观的重构。而早在17~18世纪初，早期的殖民者将英国风景式造园带到了美国，整个19世纪，杰斐逊、唐宁以及后来的沃克斯、奥姆斯特德等设计大师在继承欧洲风格的基础上，建立标准的建筑式样，并重新定义了乡村，为年轻的美国建构了整体的国家景观风貌，重塑了田园式的美国理想和生活。受欧洲风景式造园的影响，杰斐逊成为美国风景园林最忠实的实践者，造就了帕拉第奥式建筑和自然风景的完美融合。如果说《独立宣言》是美国梦的根基，自由女神像是美国梦的象征，那么，杰斐逊所创造的帕拉第奥式建筑与自然风景相结合的田园牧歌式景观，则代表了广阔的美国国家景观的梦想。杰斐逊提倡改变美国荒野原始的自然，营造田园牧歌式的景观效果，并建立起一套精确的平行分配土地的数学系统，构建了美国国家的大地网格和田园式美国理想，几乎影响了全美所有的国土布局和城乡结构，形成了至今我们从飞机上俯瞰整个美国壮观的大地网格化的田园景观。这一在美国国土大地景观重构上的创举成为田园式美国理想的典范，美国梦的国土景观梦想的真实写照。

18~19 世纪的工业革命不仅带来了生产方式的改变，也带来了生活方式的改变，使成千上万人从农村和小城镇移居到城市之中，城市人口迅猛增加，人口超过 50 万的欧洲城市有 16 座。1880 年，伦敦人口为 90 万，巴黎人口为 60 万，柏林人口为 17 万；到 1900 年，这一数字分别增至 470 万、360 万和 270 万。无疑 18、19 世纪工业革命是西方城市迅速发展的时期。随着全球城市化发展的到来，其视角多转向城市，然而随之而来的是一系列的城市问题：人口爆炸、城市基础设施缺乏、流行病蔓延、社会阶级差距拉大……因此在 19 世纪末、20 世纪初，针对现代城市发展的现代城市规划学诞生，理想城市模式的世纪探索也由此开启。比较著名的规划理论如城市公园运动、城市美化运动、田园城市理论、卫星城镇理论、有机疏散理论等。

1898 年，埃比尼泽·霍华德出版《明日，一条通向真正改革的和平道路》，1902 年修订再版，更名为《明日的田园城市》。霍华德在书中提出了带有开创性的城市规划思想；论证了城市规模、布局结构、人口密度、绿带等城市规划问题，提出一系列独创性的见解，是一个比较完整的城市规划思想体系。田园城市实质上是城和乡的结合体，是一种兼有城市和乡村优点的理想城市。霍华德设想的田园城市包括城市和乡村两个部分，认为"城镇与乡村必须联姻，除了幸福的结合之外，还将孕育出一个新的希望、一种新的生活和一个新的文明。"田园城市理论对现代城市规划思想起到了启蒙作用，被公认为最具经典性的城市规划理论专著，被誉为"迷茫时代的理性之光"。同时期，也出现了一批关心人民生活环境建设的城市规划理论家，尊称为"人本主义城市规划理论家"，最为杰出的代表是帕特里克·格迪斯和刘易斯·芒福德。格迪斯强调城市和区域之间不可分割的联系，把毕生的主要精力用于在世界各地举办城市展览会，宣扬自己的思想观点；芒福德则在很大程度上继承和发展了格迪斯的理论，用其丰富的著作（毕生撰写了 30 多本书和千余篇论文）传承自己博大精深的思想。

但似乎这些规划理论和思想并没有给 20 世纪的城市化发展开出一剂"济世良方"，西方的工业化和城市化发展迅猛，城市郊区化无序蔓延，环境与生态系统破坏严重，城市发展饱受诟病，城市时代大都市的梦想依旧那样遥不可及。当梦想照进现实，让生活更美好的城市依旧如此不堪一击，从而进一步激发起有识之士对都市梦想、生活方式和生态环境的反思。20 世纪 50 年代至 70 年代，道萨迪亚斯的人类聚居学（1954 年）、简·雅各布斯的《美国大城市的死与生》（1961 年）、雷切尔·卡逊的《寂静的春天》（1962 年）、麦克哈格的《设计结合自然》（1969 年）、德内拉·梅多斯等人撰写的《增长的极限》（1972 年）等学说与著作相继问世，在世界各地尤其在西方引起了强烈的反响。

在 20 世纪中叶城市发展最为迅猛的美国，正当大多数主流规划观点都主张消除城市贫民窟，由政府主导进行大规模旧城更新建立新的大都市时，1961 年，一位坊间主妇、城市异见者简·雅各布斯二十万字的著作《美国大城市的死与生》出版，在当时的美国社会引起巨大轰动，成为美国城市规划转向的重要标志，对美国乃至世界城市规划发展影响深远。这本非专业人士撰写的非专业书籍，却成为关于美国城市的权威论述，不但启发了美国20世纪70年代以后各种类型的强调以社区和居民为主体的社区规划，还在美国城市旧城更新的重大问题及当代城市建设方面影响深远，甚至启迪了20世纪90年代的一些建筑师和设计师，发起了"新城市主义"运动，继续探索城市时代大都市的梦想。

新城市主义以田园城市和现代城市的失误为出发点，以终结郊区化蔓延为己任，向郊区化无序蔓延宣战，并对城市郊区化的扩张模式进行了深刻反思。1992年，新城市主义的创始人之一彼得·卡尔索普重新阐释美国城市与郊区的发展模式，提出"以公共交通为导向"的开发模式，试图从传统的城市规划设计思想中发掘灵感，核心是以区域性交通站点为中心，以适宜的步行距离为半径，设计从城镇中心到城镇边缘，重构环境宜人、具有地方特色和文化气息的紧凑型邻里社区。

然而，20世纪90年代末，景观都市主义悄然崛起，对新城市主义理念提出了质疑和挑战，成为郊区化的捍卫者，新城市主义者将这一流派视为自己主要的对手，甚至认为景观都市主义是"拉美式的政变"。

景观都市主义以新的景观概念为核心，宣称景观突破学科的界限，取代建筑作为城市塑造的媒介，正如其代表人物查尔斯·瓦尔德海姆在世纪之交发表的景观都市主义基本宣言中宣称的那样"在这种水平向的城市化方式之中，景观具有了一种新发现的适用性，它能够提供一种丰富多样的媒介来塑造城市的形态，尤其是在具备复杂的自然环境、后工业场地以及公共基础设施的背景下"。因此，景观都市主义更多地被认为是城市的生存策略，主张在城市设计中将自然区域、开放空间和建筑物实体整合为一个和谐的整体系统。

现任哈佛大学设计研究学院院长的莫森·莫斯塔法维，在21世纪初是景观都市主义最有力的支持者，在传承景观都市主义思潮的基础上，提出了生态都市主义，并于2009年在哈佛组织召开生态都市主义大会，以期把哈佛大学设计学院转化为生态都市主义的大本营，继续探求人们的都市梦想。

正如同新城市主义一样，也很难给景观都市主义、生态都市主义下精确的定义，他们更多属于与现代主义思潮相对应的后现代主义思潮。哈佛的设计大师们效仿唐宁、奥姆斯特德、麦克哈格等设计先驱，期望创造其当年的辉煌，解决城市发展的现实问题。但不管从哪个方面来说，他们的理论都还只是一个刚刚起步、尚未成体系的理念，其影响也远没有宣扬的那么大。从实践项目来看，景观都市主义作品颇为有限，生态都市主义作品更是凤毛麟角，更多体现在概念、理念、思潮阶段。景观都市主义、生态都市主义是悖论还是真理，其应用和效果恐怕还有待实践检验。

从18世纪以来，英美等发达国家已率先实现了城市化的快速发展，城乡重构日趋完成。我国经过30年的城市化发展，数据显示，2013年末，中国城镇化率升至53.73%；到2020年，城镇化率将达到60%；2030年中国的城镇化水平将达到70%，中国总人口将超过15亿人，届时居住在城市和城镇的人口将超过10亿人。中国的新型城镇化建设拥有着巨大的发展潜力，面临着重大历史机遇，但我们必须清醒地意识到，千百年来形成的国土景观风貌、传统生活方式以及地区产业结构正在经历着由于发展所带来的前所未有的挑战，发生着深刻的时代巨变。正如 2013 年，吴良镛先生在《明日之人居》著作中所言"美好的人居环境是生成中的整体，这种整体是人工创造与自然创造完美结合的产物，城与乡、城市与山川河湖、建筑物与场所、建筑物中与各种技术、技术的融合等都反映了这种整体性。近代的中国人居环境对此逐渐淡然了，其原因多样。

为今之计，是需要寻找失去的整体性。途径之一是寻找、重组已经破裂的，尚未完全消失的传统中国的'相对的整体性'，意在利用局部的整体性，进行新的重构和激发，在混沌中建构相对的整体。"

城乡统筹发展，规划设计先行。从东学西渐、风景式造园到新城镇田园主义，伟大的中华传统文化是我们设计创作的源泉。在新型城镇化时代背景和新的功能要求下，如何继承和发扬传统的、优秀的华夏文化是我们不可回避的责任，如果离开了其赖以发展的传统文化这一沃土，便如无源之水、无根之木，势必会导致其生命力的丧失。当然，以国际化的视野和专业背景为招牌，在欧美等发达资本主义国家都还停留在"概念"阶段的规划理念和思想，只能博一时之眼球，并不能切实解决中国大地上的发展问题。中国的问题还是要靠中国人民自己来解决，中国新型城镇化道路还是要靠中国自己的规划设计师来探索！"接地气"的规划设计作品必然是融合了世界先进文化与科技和中华民族文化与艺术精华的、具有中国特色的现代设计，代表这种中国特色现代设计的力量，不是西方设计师，而是为数众多的、扎根在中华民族文化与艺术殷实土地上的规划设计师。

发展的时代需要科学的理论指导，科学的实践方法，为促进新型城镇化建设进程中山水田园城市（镇、村）、绿色基础设施、产业集聚等方面的研究和可持续发展，相关科研院所、规划设计单位等合作，相继出版《新城镇田园主义 重构城乡中国》系列丛书。本套丛书将从城乡统筹产业发展、规划布局、社会建构等角度组织海内外生态、地理、规划、旅游、建筑、园林、农业等各个领域的专家学者与设计单位共同编写，将最新理论研究成果与经典规划案例相结合，理论研究与实践并举，加强行业内外的互动交流，为构建新型城镇化健康可持续发展之路提供智力支持，希望能够对业界有所启发。

"民族的，才是世界的"，
梳理—分析—承传—重构
华夏传统之大端源远流长……

我们应以开放的、民主的和负责任的方式来对待中国大地上发生的事情，通过更为因地制宜的规划设计语言，重构尚未完全消失的传统中国、城乡中国，重构尚未失魂的自我……

新城镇田园主义 重构城乡中国
从一寸土地，一份产业，一处风景，一抹乡愁……
开始

编者
2014 年 7 月于林泉艺术馆

目 录

1 公园 作为绿色基础设施

文献记载最早的古代园林形态是公元前 11 世纪商末周初时期周文王建的"灵囿、灵台、灵沼"。其实中国的园林从诞生之日起就是为普通大众服务的，关于这一点我国最早的诗歌总集《诗经·大雅·灵台》中记载："经始灵台，经之营之；庶民攻之，不日成之。"灵台建造伊始，周文王用百姓的劳力建台开沼，百姓欢天喜地干劲十足，不久便落成。工程本来不急迫，因文王有德使人民乐于归附，为王效命，人民大众创造历史在此得到了最好的佐证，通过"经之"、"营之"、"攻之"、"成之"，大大加快了园林的营造进程。周文王以及他的百姓是中国园林营造的奠基者，见于文字记载的灵囿、灵台与灵沼是君王与百姓同享同乐的场所。

数百年后，孟子与齐宣王的对话讨论了这座园林的规模和情形：

齐宣王问曰："文王之囿，方七十里，有诸？"

孟子对曰："于传有之。"

曰："若是其大乎！"

曰："民犹以为小也。"

曰："寡人之囿，方四十里，民犹以为大，何也？"

曰："文王之囿，方七十里，刍荛者往焉，雉兔者往焉，与民同之；民以为小，不亦宜乎！臣始至于境，问国之大禁，然后敢入。臣闻郊关之内，有囿方四十里，杀其麋鹿者如杀人之罪，则是方四十里，为阱于国中，民以为大，不亦宜乎？"（《孟子·梁惠王下》）

从以上的对话中，我们不难获悉，这座园林并不是文王的私有专享财产，割草砍柴、捕禽猎兽的寻常百姓都可以随便去，是与百姓共享的帝王园林，这是与齐宣王乃至以后历代帝王修建的园林御苑有着本质区别之处。在以后

的长达三千年的时间内，园林尤其是皇家园林和私家园林的发展与使用，似乎成为少数人独享的私有财产，服务层面有限，不经主人允许，普通大众不能入园游览。直到近代，受西方园林公园建设的影响，我国才开始在西方殖民主义者强占的租界内出现为城市居民服务的公园。

西方园林的发展也是大抵如此，在长达几千年的发展历史中，一直为少数人服务，意大利文艺复兴时期，贵族园林开始在特定的时间内向公众开放，这种风气影响了英国和法国等其他欧洲国家。

1.1 民主启蒙思想与现代公园的滥觞

17~18 世纪，西欧资本主义有了较大的发展，新兴资产阶级的力量日益壮大，资产阶级和人民大众反封建专制主义、教权主义，于是形成了以宣传理性为中心的启蒙思想运动，是文艺复兴之后近代人类的第二次思想解放。

受民主启蒙思想影响，一部分贵族中的民主启蒙主义者把私园开放为公园，面向公众开放，城市公园的雏形开始出现，且日益引起大众的普遍关注。真正为大众服务的现代城市公园的发端可追溯到这一时期，园林的功能逐步从君主时代向人民主权时代的过渡，完成从服务特殊群体向服务普通个体转变。

18 世纪前后，民主启蒙思想进一步发展，英国相继出现了崇尚中国园林和自然田园的辉格党人，他们以坦普尔、艾迪生、蒲伯为代表，亲自参与造园实践，且著书立说传播风景式造园思想，为民主思想和自然风景更加深入人心奠定了基础。

坦普尔（1628～1699年），政治家、散文家，英国自然风景造园的先驱。他对中国园林极为欣赏，是中国园林积极倡导者和推广者，对英国风景式园林风格演变起了启蒙和推动的作用。钱钟书先生称坦普尔为第一个论述中国园林的英国人，并认为英国对中国的仰慕在17世纪就达到了顶点，在威廉·坦普尔爵士那里，英国对中国的热情达到极致

约瑟夫·艾迪生（1672～1719年），英国著名散文家、诗人、剧作家、风景式造园理论奠基者，坦普尔风景造园观点的最有力支持者

亚历山大·蒲柏（1688～1744年），著名的造园实践家和理论家，其造园思想深深地影响了后来的英国自然风景式园林鼻祖威廉·肯特。陈志华在《外国造园艺术》一书中称蒲柏诗中"变化"、"惊愕"、"掩映"，后来成为了英国风景式造园的三项基本原则

雷普顿（1752～1818年），继布朗、钱伯斯后英国最为杰出的造园大师，提出了"风景造园学"（Landscape Gardening）并第一个称自己为"风景造园师"（Landscape Gardener）的职业造园家，是自然风景式造园的最终完成者

18世纪，民主启蒙思想运动方兴未艾，"中国热"潮流席卷欧洲，欧洲社会政治大变革的时代，拿破仑发动全面战争、法国共和国诞生、英国殖民统治下的美国独立，加上工业革命对传统城市和乡村生活的冲击……所有这些变化也带来了世界园林发展史上的巨大变革，园林已不仅仅只是为了满足帝王权贵需要，而更应该满足日益增长的社会各阶层的需求。

18世纪末期的1794年前后，英国历史上第一个称自己为风景造园师（Landscape Gardener）的职业造园家雷普顿开始为社会中下阶层设计自然景观和风景。如果说英国持续数百年的圈地运动成就了"万能布朗"的辉煌，那么工业革命的崛起则开启了造园家雷普顿为贫民营造风景的思想，从此，为社会中下阶层的生活空间及园林的创造开始被造园家们所关注，出现了为蓬勃发展的中产阶级服务的造园家。

与雷普顿同一时期的德国勤奋与丰产的造园理论家、美学教授赫希菲尔德（1742～1792年），在1773～1785年的10多年间先后出版了8部研究著作，对19世纪的大众园林和世界园林发展影响深远。赫希菲尔德在著作中提出了一个全新的概念"大众园林"，一个开放的为所有公民享用的园林，这就是现代公园的前身。因此，

一个作坊的介绍，雷普顿设计，与布朗为地主精英阶层设计风景式园林不同，雷普顿从为贵族设计大型风景园林开始职业生涯，但更为民主，对平民大众的生活空间和园林创作贡献巨大。水彩画，《风景式造园的理论与实践简集》，1816年

他又被后世称为"大众园之父,在民族凝聚力和文化史上有着不朽的贡献。"[(美)伊丽莎白·巴洛·罗杰斯著,韩炳越等译,《世界景观设计》,中国林业出版社,2005年]赫希菲尔德关于大众园林的思想理念受到了当时启蒙派贵族的热捧,先后设计建设了以乡土树种和自然水景为主的英国园、由勒内改建柏林蒂尔加腾园为具有教育意义的德国园,这两个公园后来都成为为大众服务的公园。

1.2 工业革命、城镇化与世界上第一座城市公园

始于18世纪60～80年代,到1840年前后,英国的大机器生产已基本取代了工场手工业,工业革命基本完成,英国成为世界上第一个工业化国家,工业革命随后波及法国、德国等西方国家。贯穿于19世纪的西方工业革命不仅是一场生产技术上的巨大变革,同时还是一场深刻的社会变革。工业革命不仅带来了生产方式的改变,也带来了生活方式的改变,使成千上万人从农村和小城镇移居到城市之中,城市人口迅猛增加,人口超过50万的欧洲城市有16座。1880年,伦敦人口为90万,巴黎人口为60万,柏林人口为17万;到1900年,这些数字分别增至470万、360万和270万。人口的爆炸,城市的飞速发展,使城市出现了基础设施缺乏、流行病蔓延、社会阶级差距拉大等问题。

1833～1843年,率先高度城市化的英国,议会通过多项法案,开始用税收来建设下水道、环卫、城市绿地、公园等城市基础设施,用以解决19世纪英国快速发展的城市工业所带来的诸如居住拥挤、环境恶化、病害蔓延等一系列的城市病。城市建设开始快速发展,剧院、音乐厅、美术馆、公园等纷纷兴建。

1839年,世界上第一座从建园伊始就对民众开放,且主要用于休闲和娱乐的城镇公园德比植物园诞生,面积约3.5hm²,其开园仪式足足持续了三天,拥有3.5万人的德比小镇顿时沸腾,第一天游园量达1500人,第二天9000人,第三天6000人。

摄政公园景观,1811年,约翰·纳什设计,繁华的大都市边缘别墅住宅完全包围了公园,表现出乡村别墅的特征,拥有城镇和乡村的全部优势。1820年起,这种风格遍地开花,风靡全国
(图片来源:张冠增主编,《西方城市建设史》,北京:中国建筑工业出版社,2011年,199页)

克森特公园和摄政公园的南端,1811年,约翰·纳什设计,摄政时期巴斯的新古典主义建筑与雷普顿的风景式造园原则相结合,在花园南部最大半径处建成了统一立面、新月形的房屋,为伦敦及其他地区的郊区建设做出了样板
[图片来源:(美)伊丽莎白·巴洛·罗杰斯著,韩炳越等译,《世界景观设计》,北京:中国林业出版社,2005年,246页]

如果说德比植物园为大众免费开放还是定期的，每周只免费开放一天，那么位于工业城市利物浦城郊小镇上的伯肯海德公园则是完全意义上的为城镇居民兴建，经英国国会授权不收取任何费用的休闲公园。

约瑟夫·帕克斯顿 (1801～1865年)，生于贝德福德郡，父亲是一位农夫，曾学过绘画，但受父亲的影响，最终成为英国著名的园艺师、作家和建筑师。作为设计大师，刚过而立之年的帕克斯顿就在查特斯沃思园林设计了当时世界上最高的喷泉，并在后来的职业生涯中设计了世界园林史上第一个城市公园和英国伦敦水晶宫

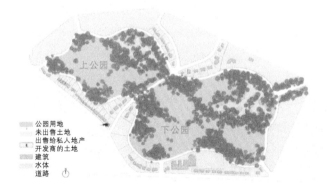

伯肯海德公园于1843年由年轻的帕克斯顿(1801～1865年)负责设计，1847年工程完工，是历史上第一次使用公共资金收购公园用地并由政府承担维护运营的第一座城市公园。
该公园旨在刺激利物浦城郊地产的开发。公园周边的很多地块都出售给私人地产开发商。没有卖出去的地块则被重新添加到公园里面或另作为公共用地使用
（图片来源：Alexander Garvin 著，张宗祥译，《公园 宜居社区的关键》，北京：电子工业出版社，2013年，20页）

1843年，利物浦市政府动用税收收购了一块面积为74.9hm² 不适合耕作的土地，中间的50.6hm² 土地用于公园建设，周边的24.3hm² 土地用于住宅项目的开发。

伯肯海德公园于1843年由年轻的帕克斯顿（1801～1865年）负责设计，1847年工程完工，是历史上第一次使用公共资金收购公园用地并由政府承担维护责任的第一座城市公园。伯肯海德公园的建成开放，使最尊贵的女王和最贫穷的居民一样都拥有了欣赏属于自己的风景的权利，开创了公园应该属于人民的先河，不同等级和阶层的人都能在此和谐共处。

伯肯海德公园由外围的6条城市道路包围，"人车分流"是公园一个重要的设计思想，横穿公园的马路（现为城市道路）将公园分为上公园和下公园两部分。蜿蜒的马车道构成了公园内部主环路，沿道路布置错落有致、变化丰富的景观节点。公园的水面按地形条件设计，分为上湖和下湖，两个水面自然曲折。公园植物配置以疏林草地为主，湖区及马车道沿线种植高大乔木，中央为大面积的开敞草地，水面周围的绿地种植较密，再向外则以开敞的缓坡疏林草地为主，整个公园呈现出了一个又一个丰富且疏密有致的空间。

出人意料的是，公园所产生的吸引力使周边土地获得了高额的地价增益。周边土地的出让收益远远超过了整个公园建设的费用及购买整块土地的费用，以改善城市环境、提高福利为初衷的伯肯海德公园的建设，取得了巨大的成功，成为后来城市市政工程开发建设的典范，为后来的城市开发建设提供了新的模式。

继伯肯海德公园之后，帕克斯顿又为其他城市设计了众多公园，但最为激动人心的是，1849年底，设计的具有划时代意义的伟大作品——水晶宫。

伯肯海德公园开创了利用城市公园缓解城市问题的先河，城市公园的产生在一定程度上缓解了工业化程度加剧、城市面积与城市人口激增、城市污染严重、生活环境拥挤、疾病及死亡率攀升、环境优美的休闲娱乐场所缺失等英国及世界其他工业发达的城市和地区存在的城市问题，协调了政府与公众的种种矛盾。

1.3 美国纽约中央公园：开创公园发展的新纪元

19 世纪前半叶，英国、法国、德国等欧洲国家的城市公共空间和公园建设与实践，对曾是英属殖民地的美国城市公园建设影响巨大。唐宁、沃克斯、奥姆斯特德等设计大师都进行了此方面的实践和理论研究，直接催生了现代公园以及城市园林绿地系统的产生、发展与繁荣，从而开创了现代公园建设发展的新纪元。

同欧洲一些国家的城市化一样，19 世纪的美国纽约城市迅速膨胀，人口暴增，在整个 19 世纪，人口增长了 50 多倍；在前半个世纪里，人口从 8 万增长到 69 万，在后半个世纪里则增长到 400 多万。大量人口涌入城市，公共开敞空间被挤压，与当时欧洲许多城市面临的同样问题日益凸现，使得以 19 世纪初美国近现代风景园林发展的开拓者唐宁为代表的有识之士呼吁政府仿效欧洲城市中开放的林苑，营建大型城市公园缓解城市化带来的诸多问题。1851 年，唐宁在《园艺学家》杂志撰写专栏文章，对纽约市民提出开发建设 64hm² 的公园表现出强力的支持，并对新公园的规模和构思做了大胆的设想，认为该公园应该成为城市的公共设施，使得上层社会的成功人士和普通大众都能享受到平等的拥有和共享城市风景的权利。如今，150 年后，公园建设面积占了纽约市的 26%，唐宁的呼吁和努力功不可没。同年夏天，唐宁考察了英国的公园，并鼓动英国园林设计师沃克斯来到美国一同开设设计事务所来实现其共同理想。但是，不幸的事发生在这位年轻的造园大师身上，1852 年 7 月 28 日，唐宁和他家人乘坐大船旅行时不幸遇难，年仅 36 岁。唐宁去世后，美国第一座城市公园——纽约中央公园的设计由唐宁的朋友和同事沃克斯和奥姆斯特德共同完成。

1853 年，纽约市制订了中央公园计划。1858 年中央公园设计竞赛公开举行，奥姆斯特德与沃克斯的"绿草地"方案在 35 个应征方案中脱颖而出，成为中央公园的实施方案。奥姆斯特德本人也被任命为公园建设的工

安德鲁·杰克逊·唐宁（1815 ～ 1852 年），出生于纽约，是美国第一个英式自然风格的杰出代表，他开创了美国近现代风景园林发展的整体风格，有"美国公园之父"的美誉

卡尔弗特·沃克斯 (1824 ～ 1895 年) 出生在伦敦，曾是唐宁事业上的合作者，后成为奥姆斯特德事业的最佳拍档

程负责人，奥姆斯特德曾在 1850 年参观伯肯海德公园后写了一篇文章《一个美国农场主在英国的行与言》，文中提到："……一阵赞叹后，我将更多时间用在了学习如何运用艺术获取自然的美好，此刻我终于准备承认，在民主的美国没有任何事物可以比得上一个开放的公共园林……"。奥姆斯特德第一次到英国利物浦附近参观了伯肯海德公园，深受启发，伯肯海德公园蜿蜒的道路、不规则的草坪、树群、湖沼等都运用在了中央公园设计中。

中央公园坐落在纽约曼哈顿岛的中央，占地 340hm²，1873 年全部建成，历时 15 年。公园内包含树林、湖泊、牧场、动物园、花园、溜冰场、游泳池、运动场、剧院、广场、草坪以及野生动物保护区，是美国造访人数最多的城市公园。从 1970 年起，中央公园就成为各大小规模活动的举办地点，包括政治集会、示威活动、庆祝活动及大型音乐会等。

1873 年，美国第一座城市公园——纽约中央公园建

成时，总人口不足 2500 万，一个半世纪后，2013 年美国总人口 3.1525 亿，纽约市则是美国人口最多的城市（约817 万）。美国的城镇化已显现出人口高度城镇化的特征，在 2008 年时美国约有 82% 人口居住在城市及其郊区（同时期世界城镇化率为 50.5%），其中约 1 亿人居住在人口超过 5 万人的城镇中，公园成为城镇居民生活、休闲、娱乐的重要场所，发挥着越来越重要的居住、生活、休闲功能。

自从纽约中央公园建成后，美国也开展了大规模的城市公园建设热潮，公园建设运动风靡全美各大城市，随后，城市公园运动席卷加拿大、俄国及西欧各国。奥姆斯特德在底特律、芝加哥和波士顿等地规划了城市公园系统，成为有计划地建设城市园林绿地系统的开端。

弗雷德里克·劳·奥姆斯特德（1822 ～ 1903 年），唐宁造园事业的继承者，19 世纪下半叶最著名的规划师和风景园林设计师，非常推崇英国风景式造园，在美国用"Landscape Architect" 和 "Landscape Architecture"替代了"Landscape Gardener" 和 "Landscape Gardening"，也是美国城市美化运动原则和把风景引进郊外发展设想最早的倡导者之一

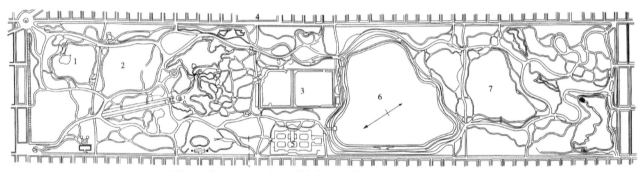

1—球场；2—草地；3—贮土地；4—博物馆；5—博物馆；6—新贮水池；7—北部草地

美国纽约中央公园

（图片来源：中国勘察设计协会园林设计分会编，《风景园林设计资料集：园林绿地总体设计》，北京中国建筑工业出版社，2006 年，28 页）

纽约中央公园：美国纽约市曼哈顿区的大型都市公园，占地 340hm^2，是常居于狭小单元的当地居民的一方绿洲。有着纽约"后花园"美誉，被称为美国最美的城市公园之一

1.4 公园作为绿色基础设施：主导城镇化的可持续发展

19 世纪下半叶始，公园的内涵和外延进一步扩展，并开始纳入城市公共设施，成为城市重要的绿色基础设施，由以单个的城市公园来缓解城市环境问题，发展到以公园体系来更有效地解决城市发展中出现的诸多问题。

最为典型的实例有法国巴黎公园系统、美国波士顿城市公园系统以及后来最为杰出的明尼阿波利斯公园系统，分别起始于 19 世纪 50 年代、70 年代、80 年代，规划设计师分别是奥斯曼与阿尔方、奥姆斯特德与查尔斯·艾略特、克利夫兰与沃思。

这些公园系统不仅为居民提供了良好的休闲娱乐场所，并被纳入城市公共设施建设范畴，成为大城市发展的主导，为城市有序发展提供了框架，有效促进了城镇化的可持续发展。19 世纪的法国巴黎和 20 世纪的明尼阿波利斯成为世界上以公园系统为主导框架发展起来的典型大都市。

1.4.1 奥斯曼的巴黎公园系统

从 1851 年到 1876 年的 25 年时间里，巴黎城市人口从 105 万达到 199 万，快速增长了将近百万。为了更好地安置新城市居民，拿破仑三世时期的 1853 年，乔治·欧仁·奥斯曼男爵调任巴黎所在的塞纳行政区行政长官，从这年开始至 1870 年的 18 年任期内，对巴黎市区进行了大规模的规划和改造。

奥斯曼巴黎改造计划的核心，是干道网的规划与建设，在密集的旧市区中，征收土地，拆除建筑物，开辟出一条条宽敞的大道，这些大道直线贯穿各个街区中心，成为巴黎交通的主要交通干道。在这些大道的两侧种植高大的乔木而成为林荫大道，仅从 1853 年至 1870 年的 17 年间，巴黎市区一共种植了超过 10 万棵树木，如今林荫大道为全世界城市规划建设所借鉴采纳。该计划还严格地规范了道路两侧建筑物的高度、形式，强调街景水平线的连续性等城市景观。此外，还丰富完善了巴黎的地下工程下水道系统。

奥斯曼男爵（1809～1891 年），法国第二帝国时代的塞纳省省长。1852 年，新即位的拿破仑三世委任奥斯曼男爵负责大规模的巴黎改建工程。奥斯曼的改造包括拓宽巴黎街道、修建大型房屋和豪华旅馆、修缮下水道和城市供水系统等。奥斯曼也成为后人改建城市效仿的典范

奥斯曼开辟出的巴黎林荫大道夜景，从蒙巴纳斯大厦顶部看（图片来源：http://en.wikipedia.org/wiki/Haussmann%27s_renovation_of_Paris）

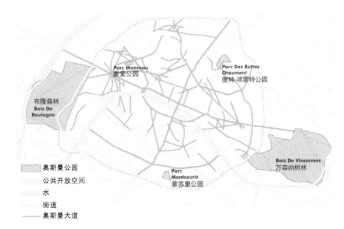

奥斯曼的公园系统，巴黎。连接当地广场和大型公园的林荫道成了巴黎过去一个半世纪发展的主导框架

（图片来源：Alexander Garvin 著，张宗祥译，《公园 宜居社区的关键》，北京：电子工业出版社，2013 年，22 页）

这些都被看作是 19 世纪影响最广的城市规划实践，这次城市规划还十分重视公共开放空间和公共绿地建设，园林第一次被纳入城市公共设施建设范畴，成为大城市发展的主导。毫无疑问，奥斯曼的城市公共空间和林荫大道深深影响了 19 世纪晚期和 20 世纪全世界的城镇规划和建设。

奥斯曼按照系统化的城市公园概念，用林荫道网络将两块皇家土地改造成的大型区级公园，新建的 3 个区级公园和 24 个社区公园、广场连接起来，使之成为"城市之肺"，改善了城市人居环境。这些公园对城市居民的健康起到了非常重要的作用，在公园里市民可以享受到充分的阳光、新鲜的空气与开敞的空间，并带动周边私人地产的发展。

1.4.2 蓝宝石项链——波士顿公园系统

19 世纪中叶后，波士顿城市扩张急剧加速，在短短 10 年中，移民人口由占城市人口的 10% 飙升到 46%；城市的急剧扩张引起了自然风景的破坏、潮汐平原洪水侵蚀、海湾泥沙淤积、水体污染等系列环境问题，使得波士顿政府不得不审视城市的未来发展。奥姆斯特德与

查尔斯·艾略特的共同努力与合作无疑很好地解决了这些问题，他们的远见卓识使得波士顿都市和自然很好地融合在了一起。

1869 年奥姆斯特德应邀参加波士顿公园问题公众听证会，其公园设计思路和设计理念赢得了众多有识之士的支持。1875 年，波士顿公园委员会成立；1876 年，他应邀为波士顿公园委员会提出的公园系统方案提供咨询，他的观点受到重视；1878 年，应公园委员会的要求，他提出了自己的波士顿公园系统方案，得到高度评价，并被任命为负责整个公园系统建设的风景园林师，开始整个公园系统的规划设计与建设指导工作。

1893 年，在奥姆斯特德多次邀请下，艾略特成为他的主要合伙人，他通过 5 条短短的沿海河流廊道将波士顿郊区的 5 个大公园或绿色空间连接起来，创造了整个波士顿大都市区方圆 600km² 内的公园系统或者绿道网络。

1893 年 5 月，"大都市公园委员会"通过立法在波士顿成立美国历史上的第一个大都市公园体系：波士顿大都市公园体系。这个体系遵循了艾略特同年 2 月 2 日提交的发展规划，该规划把波士顿都市区 12 个城市区块和外围 24 个城镇以及它们之间广大的乡村和海滨、森林等自然地区共计 250 平方英里（647.5km²）都纳入城市公园系统。也正是这个公园系统构架的建立，为仍处于萌芽状态的波士顿都市区，在都市尺度的公共空间建构层面，提供了极具前瞻性的规划构想，才使得波士顿都市区在后来的发展与扩张中避免了"失控"。

波士顿公园系统是以河流等因子所限定的自然空间为定界依据，以自然系统为基础，利用 200 ~ 1500 英尺（1m=3.281 英尺）宽的绿地，历时 11 年，将数个公园连成一体，在波士顿中心地区形成了景观优美的公园系统。波士顿公园系统又被波士顿人亲昵地称为翡翠项链（Emerald Necklace），它从波士顿公园到富兰克林公园绵延约 16km，由相互连接的 9 个部分组成：

① 波士顿公园（Boston Common）；

② 公共花园（Public Garden）；

③ 麻省林荫道（Commonwealth Avenue）；

④ 滨河绿带（Esplanade），又称查尔斯河滨公园（Charlesbank Park）；

⑤ 后湾沼泽地（Back Bay Fens）；

⑥ 河道景区和奥姆斯特德公园（Riverway&Olmsted Park），又称浑河改造工程（Muddy River Improvement）；

⑦ 牙买加公园（Jamaica Park）；

⑧ 阿诺德植物园（Arnold Arboretum）；

⑨ 富兰克林公园（Franklin Park）。

波士顿公园系统的特色在于公园的选址和建设与水系保护相联系，形成了一个以自然水体保护为核心，将河边湿地、综合公园、植物园、公共绿地、公园路多种功能的绿地连接起来的网络系统。波士顿公园系统对国家公园运动、社区开发、新城规划、区域规划乃至整个风景园林学科的发展都产生了深远的影响。

1.4.3 明尼阿波利斯：全球最为杰出的公园系统

明尼阿波利斯是"万湖之州"明尼苏达州最大的城市，面积142.5km²，由22个大湖组成，人口38.7万，拥有美国乃至世界上最为杰出的城市公园系统，被评为美国十大绿化最成功都市之一，有"度假之城"的美誉。

1883年，明尼阿波利斯独创地通过选举产生了公园与休闲委员会（原名公园管理委员会），整座城市公园用地只有6英亩（2.4km²）。同年，最初的设计者克利夫兰在委员会首任主席洛林的支持下，编制了《明尼阿波利斯市公园和林荫道系统建议》，提出了建立公园和林荫大道体系的规划构想，并力劝公园委员会在财政拨款上要慷慨大方，以确保这一规划的实施。1906～1935年，沃思担任公园的总监，进一步扩展了最初的湖泊公园和早期的风景道，大大增加了整个公园体系的面积，并种植了大量花卉树木，完善了公园设施，建立起永久性的排水系统。19世纪上半叶，明尼阿波利斯基本上建成了以水系为中心的公园系统，整个公园系统由170个公园组成，包括60英亩（24hm²）的公园道，38km的专用人行道，36英里（58km）的自行车道，6个公共高尔夫球场，61个专人管理的运动场，42个运动中心，21个专人管理的海滩、泳池，每60个人就有1英亩（0.4hm²）的公共开放空间。

明尼阿波利斯公园系统的成功，对促进地区发展，尤其是土地升值起到了巨大的推动作用，以Loring公

查尔斯·艾略特（1859～1897年），景观设计师

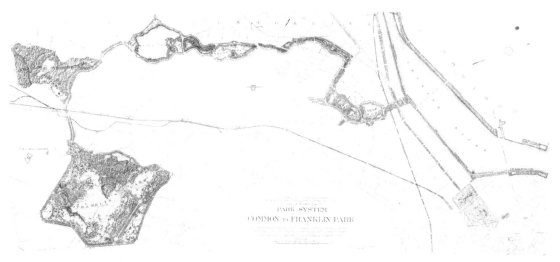

波士顿，1894年。弗雷德里克·劳·奥姆斯特德设计了这条长6英里（10km）的翡翠项链，为波士顿和布鲁克林的居民提供了各种休闲场所

（图片来源：Alexander Garvin 著，张宗祥译，《公园 宜居社区的关键》，北京：电子工业出版社，2013年，142页）

园为例，1883 年土地价格是每英亩 4904 美元，加入公园系统 19 年后，价格增长了近 10 倍，攀升至每英亩 48096 美元。

明尼阿波利斯公园系统更大尺度地关注了绿色基础设施的营造，并深刻地影响了整座城市的景观面貌和发展，在主导城镇化的可持续发展、塑造城市特性方面贡献卓著。

明尼阿波利斯公园系统

1.5 公园：为大众宜居而建

亚洲国家公园建设起步较晚，但由于可吸收借鉴西方先进经验，发展速度很快。我国近代公园的建设主要受西方影响而兴起，"西风起，公园生"，从 1840 年到 1910 年全国兴建的 44 个公园中，外国人兴建的有 33 个，中国人自建的只有 11 个。以往各种文献显示，1868 年英国人在上海修建的黄埔公园是我国的第一个公园。据朱钧珍教授最新研究成果《中国近代园林史》考证，1877 年，左宗棠利用军闲发动军队将士建成的酒泉公园是中国人自建最早的公园。

公园一词最早出现在魏晋南北朝时期，距今已有 1500 年历史，《北史·魏任城王云传》："表减公园之地以给无业贫人"。但今日的公园与古代的公园已具有完全不同的内涵和外延。我国行业标准《园林基本术语标准》CJJ/T91—2002 定义公园："供公众游览、观赏、休憩，开展户外科普、文体及健身等活动，向全社会开放，有较完善的设施及良好生态环境的城市绿地。"

其实，正如前文提到的，中国园林最早的源头是西周文王的园囿，有着"与民同乐"的属性，为百姓大众而建，但是中国园林的发展在几千年的封建社会里，却违背了最初起源时的发展属性，成为少数特权阶层私享专属。与古代园林相比，现代园林在服务对象、形式功能上都有所改变，成为大众服务的空间场所，人人都能营造属于自己的风景成为生活的可能，公园无疑成为世界造园史上这一重大转变的最好载体。

如今公园布局形式、建设内容越来越丰富，其类型也更加丰富多样，包含：综合性公园、居住区公园、居住小区游园、儿童公园、少年公园、青年公园、老年公园、农民公园、动物园、植物园、专类植物园、森林公园、历史名园、文物古迹公园、纪念性公园、文化公园、体育公园、雕塑公园、交通公园、科学公园、国防公园、游乐公园、文化旅游公园、滨河森林公园、湿地公园等等。各类公园不仅成为城镇居民休闲、娱乐的公共空间，更

北京奥林匹克公园

是城镇化建设中着眼于生态与环境系统的重要绿色基础设施，对改善城乡的社会和生态环境质量举足轻重。

公园，让城镇更宜居！

那么，感谢那些为城镇设计公园的风景园林师们，他们的辛勤创作不仅丰富了城市的宜居空间，也为世界创造了更为美丽、宜居的风景。

参考文献

[1]（日）针之谷钟吉著.邹洪灿译.西方造园变迁史——从伊甸园到天然公园.北京：中国建筑工业出版社，1991.

[2] 伊丽莎白·巴洛·罗杰斯著.韩炳越等译.世界景观设计.北京：中国林业出版社，2005.

[3] 朱建宁.西方园林史.第2版.北京：中国林业出版社，2013.

[4] 王蔚等编.外国古代园林史.北京：中国建筑工业出版社，2011.

[5] 吕明伟.外国古代造园家.北京：中国建筑工业出版社，2014.

[6]（美）亚历山大·加文著.张宗祥译.公园：宜居社区的关键.北京：电子工业出版社，2013.

[7] 郭巍，侯晓蕾.美国都市公园系统之父——查尔斯·埃里奥特.中国园林，2011，01.

[8] 薛涌.美国算什么.北京：中国华侨出版社，2012.

[9] 朱钧珍.中国近代园林史.北京：中国建筑工业出版社，2012.

[10]（美）亚历山大·加文著.黄艳等译.北京：美国城市规划设计的对与错.北京：中国建筑工业出版社，2010.

[11] 于君博.波士顿的城市化启迪.小康，2013.

2　北京市海淀区玲珑公园设计

◎ 北京市海淀区园林工程设计所

2.1　项目概况

　　玲珑公园位于京西八里庄京密引水渠西侧，规划面积 8.1hm²。公园用地南侧原为农民居住区和规划八里庄路，东侧为正在建设中的蓝靛厂南路，西侧分布着 2 个高档居住小区，北侧为新建道路——车公庄大街。

　　玲珑公园的基址是明代的慈寿寺。慈寿寺始建于明万历四年（公元 1574 年），于万历六年建成。现仅存玲珑塔，塔高六十余米，为八角十三层密檐实心砖塔。1957 年，玲珑塔被列为北京市第一批重点文物保护单位。

　　建园前，该地垃圾成堆、杂草丛生，与宝塔极不协调。1989 年，海淀区人民政府根据北京市总体规划布局，在废弃的慈寿寺基址上，以玲珑塔为中心，历经堆丘填壑、垒山叠石，建成了玲珑公园。以仿古平台为界，南部设计为规则式园林。北半部为自然山水园，园内建造了鉴池、往来亭、鱼乐池等新景点，同时将水榭、水面置于以塔为中心的轴线北端，作为贯穿整个全园轴线的结束，使南北两部分呼应联成一体。

　　2006 年 4 月至 8 月，为配合昆玉河水景观走廊建设工程，玲珑公园在继承原有优秀设计精髓的基础上，进行全面的改造和提升。改造计划投资约 1000 万。

2.2　公园改造前状况及存在的主要问题

2.2.1　公园总体地势

　　公园总体地势以塔为中心，中部高，四个方向低，并在南北方向形成两层台地，园内大部分区域地形平坦，

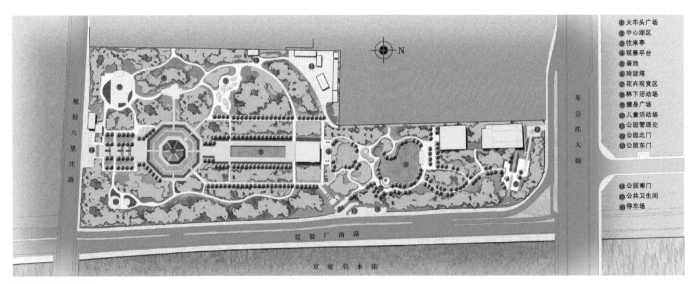

玲珑公园总平面图

❶ 火车头广场
❷ 中心湖区
❸ 往来亭
❹ 观景平台
❺ 鉴池
❻ 玲珑塔
❼ 花卉观赏区
❽ 林下活动场
❾ 健身广场
❿ 儿童活动场
⓫ 公园管理处
⓬ 公园北门
⓭ 公园东门

⓮ 公园南门
⓯ 公共卫生间
⓰ 停车场

规划八里庄路

车公庄大街

蓝靛厂南路

京密引水渠

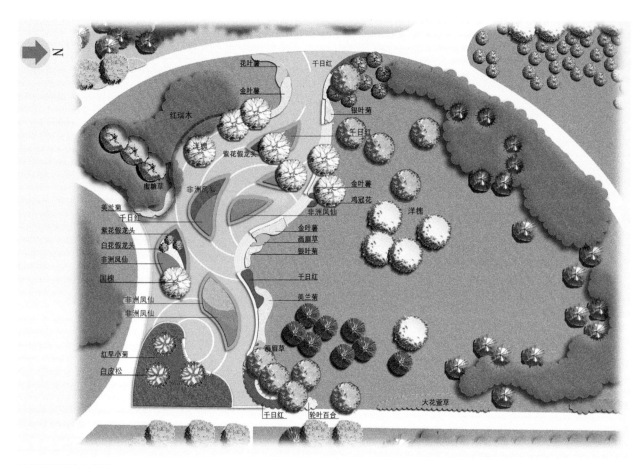

林下花卉区放大平面

没有起伏。园内和园外高差较大，尤其是公园东坡与市政道路的高差均在 2m 以上。

2.2.2 原有植物

园内植物大多是在 1989 年建园时栽植的，以洋槐、国槐、垂柳、碧桃等落叶乔木为主，现在大都长势良好，很多区域由于乔木郁闭度较高，致使单体植物树形不够均衡，林下缺乏耐荫植物，空间感觉略显压抑。

2.2.3 水系

园内的水池为水泥池壁，水池管道年久失修，溪流和源头已断水多年，山石风化严重，整个公园的水景观已经失去了应有的作用。只有玲珑塔南侧的"鉴池"及周边铺装还保留完好。

2.2.4 构筑物

水池东侧的"往来亭"保存完好，但与水池和周边植物缺乏合理关系。公园的管理建筑"闻铃馆"十分破旧，由于公园日常管理的需要，在建筑周围堆放着各种工具和材料，十分零乱。

2.2.5 道路、铺装场地、停车场

公园内的道路由于使用年限较长，面层出现了变形或断裂的现象，材料陈旧。绿地内有很多行人踩出的小路。

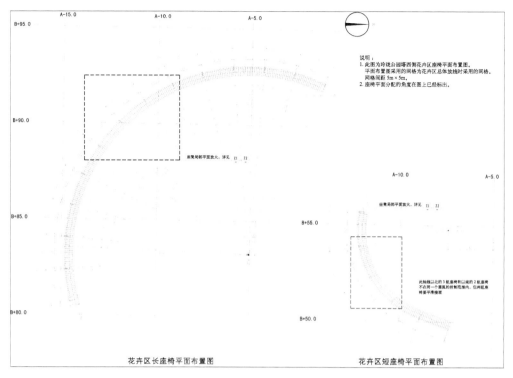

说明:
1. 此图为玲珑公园塔西侧花卉区座椅平面布置图。
   平面布置图采用的网格为花卉区总体放线时采用的网格。
   网格间距 5m×5m。
2. 座椅平面分配的角度在图上已经标出。

此轴线以北的 3 组座椅和以南的 2 组座椅
不在同一个圆弧的控制范围内,但两组座
椅呈平滑接顺

花卉区长座椅平面布置图　　　　　　　　花卉区短座椅平面布置图

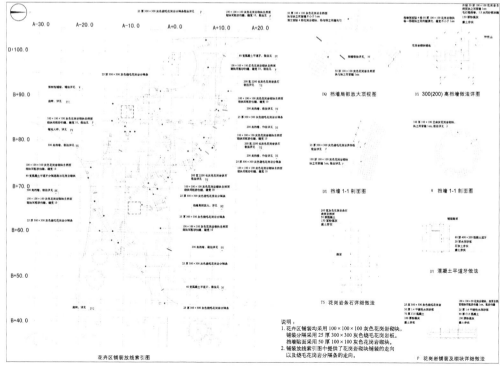

说明:
1. 花卉区铺装均采用 100×100×100 灰色花岗岩砌块,
   铺装分隔采用 25 厚 300×300 灰色烧毛花岗岩板,
   挡墙贴面采用 50 厚 100×100 灰色花岗岩砌块。
2. 铺装放线索引图中提供了花岗岩砌块铺装的走向
   以及烧毛花岗岩分隔条的走向。

花卉区铺装放线索引图

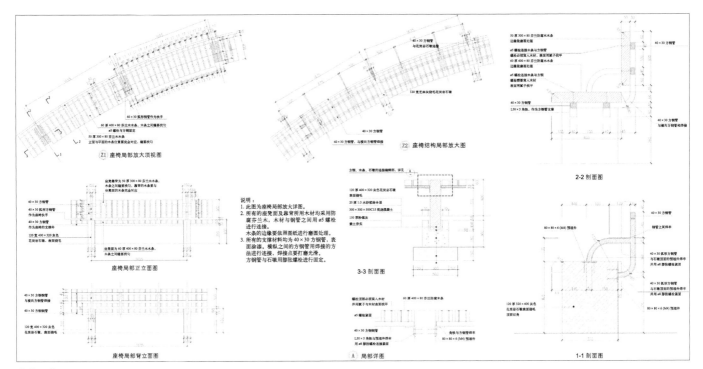

花卉区施工图

现有铺装场地基本处于林下，场地内主要安放简单的健身设施。除了公园管理处门前的空地和新建四合院门前，整个公园没有专设的停车场。

2.2.6　公共设施

公园内现有两处卫生间，基本满足使用需要。座椅的风格不统一，垃圾箱年久失修，照明设施不足，不能满足夜间游园的需要，灯具样式陈旧。

根据以上现状，我们总结出了玲珑公园现状的如下问题：首先，在功能和布局上，由于建筑和场地的数次调整并没有在通盘考虑全局的基础上进行，使得公园现状效果与最初建成时存在一定的差距，随着时间的推移和使用人群结构的变化，场地的功能安排已经不能够满足市民的需要；其次，在空间的围合和视线关系方面，由于园内地形平坦缺少起伏，缺乏空间围合，场地气氛不足，园内的种植大多为落叶乔木，层次较少，造成了

要么视线过于通透，要么没有留出景观透视线；再有，市政设计的挡墙普遍是混凝土砌块挡墙，缺少景观性，与"昆玉河水景观走廊"的总体规划原则相悖。

2.3　改造的目标和原则

2.3.1　改造的目标

通过全面的改造，使玲珑公园的面貌焕然一新，成为具有一定历史文化内涵、更加人性化的景观生态绿地。同时，将公园塑造成为昆玉河沿线的景观亮点。

2.3.2　改造的原则

原则一：充分尊重现状，保留现有植被，不能破坏已经形成的生态系统。原则二：设计要经济实用，充分考虑人的行为习惯及特点。原则三：设计的总体风格要

与昆玉河水景观走廊的总体风格相呼应，自然地融入全线的大环境中。

2.4　具体的改造方案和采取措施

2.4.1　总体布局

规划将公园分为南区、中区、北区、东区四个大的区域。南区包括南大门、儿童活动区、健身广场；中区设置花卉观赏区、林下休息区、观塔广场；北区包括中心湖区、火车头广场、北门；东区包括与市政道路相接的坡地和东门。改造的总体重点就集中在公园湖区的整体改造和公园东坡与市政道路交接的部分。

2.4.2　各区改造

（1）南区

南区周边主要为居住区，将其主要使用人群定位在周边居民，安排场地活动为主。新建儿童活动区，在场地内安排适合不同年龄儿童活动的项目和器械。健身休息区则是在原有的基础上进行翻新。

（2）中区

中区仍旧体现了以"塔"为中心的景观，保留了"鉴池"及其周边的轴线景观。花卉区是在原有林下铺装广场的基础上进行的改造，设计中利用场地本身的高差，通过形似花瓣的种植池和富有流动感的铺装，营造"林下花海"的氛围。新的设计改变了原有场地的朝向，将大面积的林下草坪展现在大家面前，亮出了最佳观赏面。

（3）北区

北区是改造工程的重中之重。中心湖区是整个公园景观序列的高潮部分，改造的精髓是营造中国自然山水园林的意境，用现代的手法，创造充满诗意的空间。在构图和布局上，继续沿用原有公园的轴线关系，留出景观透景线。

中心湖面变为完整的大水面，将水泥驳岸变为自然融入水中的草坡驳岸，结合池岸种植丰富的水生植物。

湖区东侧的"往来亭"是观赏水面和中央电视塔的最佳位置，设计在此留出了景观透视线，结合往来亭做亲水平台，将原来的一个景点扩大为人们可以参与其中活动的铺装平面。同时，增加了木挑台、木桥等亲水空间。

公园北区改造结合原有的火车头和废旧的铁轨，设计林下休息场地，同时在场地内展示一系列与火车和铁路有关的文化内容。

（4）东区

东区紧邻京密引水渠和蓝靛厂南路。首先，将公园东部绿地顺坡，在市政的混凝土挡墙外部砌筑毛石挡墙，使硬质的市政设施自然化，与昆玉河两岸的自然景观融为一体。在东坡以丰富的种植勾勒出优美的林冠线和林缘线。

公园东门的高差通过台阶和富有韵律变化的挡墙来解决，不仅满足功能，更突出入口的气势。入口处的集散广场设计了无障碍设施和停车场，更方便于人们的使用。

2.5　具体改造措施

2.5.1　地形、高程的改造

设计在现场勘查的基础上，根据实际的空间感受和设计需要，使设计地形充分地融合到原有的环境之中。

公园东坡的地形改造，因为距离短、高差大，关系到土壤的稳定性等一系列实际问题，经过了充分论证后，将绿地直接拉坡，与市政挡墙相接，在坡度大的地方或与现状树冲突的地方堆砌自然山石。

2.5.2　种植的改造

（1）围合空间，丰富层次，使景观开合有致，做到宁多勿少、宁缺毋滥

通过调查发现：玲珑公园内并不缺少树木，甚至有些区域，树木的郁闭度很大，但缺少中层次、在人视线这一层的苗木。设计通过实地体验，结合设计意图确定：

公园夜景

有些地方需要植物围合；在有些地方需要留出景观透视线；对长势不好、存在价值不大的现有种植进行重新整合和再创造。

（2）把握主题，突出特点

每一处的种植设计都是结合场地的主题进行的。尤其是公园的东坡，作为公园的对外观赏面，种植风格与昆玉河景观改造的总体种植风格相呼应，重点突出春季景观，主要采用柳、桃花、山杏等大量的春花、早春发芽的树种，同一种树木成片种植。同时，运用大量的奥运新优花卉，组成大片的组团和色带。

（3）根据原有的画面构图，充分考虑植物的习性，与原有的种植和谐统一

后种植的苗木以原有的植物种类为主，采用大苗，做到景观连续、不间断。由于场地现状多为林下，所以种植改造时，选择的花卉多为耐荫或耐半荫的苗木。

2.5.3 硬质景观设施的改造——历史文化内容的集中体现

（1）硬质景观的整体色彩与公园整体的文化色彩相呼应

公园的主要标志——玲珑塔的主色调为灰色，而北京城市大色调也是灰色。所以，我们将公园硬质景观的整体色彩定为灰色调。这点集中体现在铺装颜色的选择上，铺装道路主要选择了深灰和浅灰，这两种颜色大面积交替出现。挡墙、座椅等其他的景观设施也主要以灰色调为主。

（2）选用朴实、统一的材质，就地取材，做到经济美观

玲珑公园古朴而又富有现代感，塔周边的原有铺装以混凝土砖为主，改造选用的主材质也是富有质感的砖、石等。铺装面层的选择上，没有大面积运用花岗岩石材，主要选用灰色混凝土砖，局部采用烧毛的花岗岩；水体周边大都采用木材和青石板等天然材质，给人以亲切感。

（3）在细节上体现文化，用统一的元素贯穿始终

制定了一套统一的元素符号，此符号作为细部，不断出现在花池挡墙贴面、地面铺装分隔条、座椅等硬质景观设施上，贯穿全园始终。

2.6 小结

玲珑公园改造工程是 2006 年度的重点工程。我们从设计到最终的施工都给予了高度的重视。通过改造，公园的面貌得以焕然一新，并且从根本上解决了公园东部绿地与市政道路交接处的高程问题。改造后的玲珑公园，布局更加合理、设施更加完备，成为昆玉河畔一道靓丽的风景。

3 天津市津南区小站镇米立方项目景观设计

◎ 天津市雅蓝景观设计工程有限公司

3.1 设计概况

米立方景观项目位于小站镇的核心位置，紧邻小站练兵园。小站镇地理位置优越，位于天津市东南部，海河下游南岸。东临天津港，西与八里台镇相连，南靠大港石化工业区，北与闸口镇和双桥河镇相望，处于市中心和滨海新区之间，全镇总面积62km²，是津南区老三镇之一。

小站镇坚持工业化、城镇化的发展道路。以宅基地换房推进社会主义新农村建设，被国家发改委批准为全国示范镇，同时小站练兵项目被列为天津市近代历史文化旅游十二板块之一。

小站镇距今有132年历史，以小站稻及小站练兵而闻名，是中国近代历史上有重大影响的历史文化名镇，同时也是远近闻名的鱼米之乡。

该项目景观设计绿化面积为242457m²，岸线长度为3247m，其中自然驳岸为2890m，硬质驳岸为357m；水体面积分为146355m²的深水区和10991m²的浅水区。

3.2 设计原则

(1) 利用本地植物景观，打造以植物为主的观赏性园林景观。

(2) 利用现状地形，重新规划水系，节约成本，因地制宜。

(3) 减少硬质景观，利用植物的季相变化，营造四季变化的专类植物群落景观。

用地范围卫星投影示意图

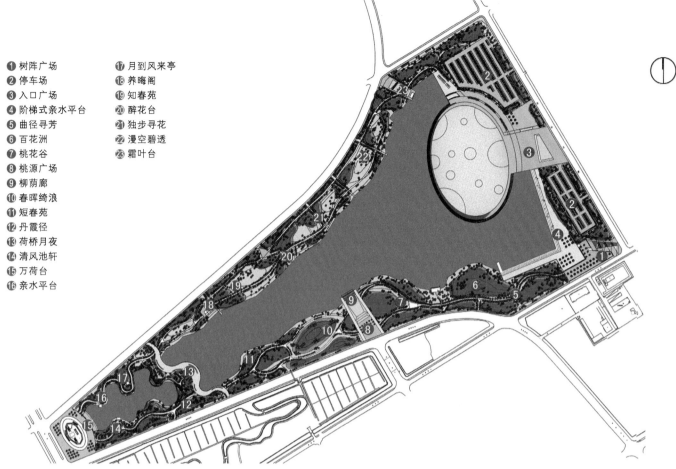

① 树阵广场　⑰ 月到风来亭
② 停车场　　⑱ 养晦阁
③ 入口广场　⑲ 知春苑
④ 阶梯式亲水平台　⑳ 醉花台
⑤ 曲径寻芳　㉑ 独步寻花
⑥ 百花洲　　㉒ 漫空碧透
⑦ 桃花谷　　㉓ 霜叶台
⑧ 桃源广场
⑨ 柳荫廊
⑩ 春晖绮浪
⑪ 短春苑
⑫ 丹霞径
⑬ 荷桥月夜
⑭ 清风池轩
⑮ 万荷台
⑯ 亲水平台

景观总平面图

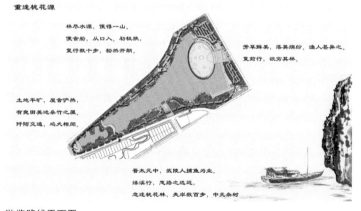

游览路线平面图

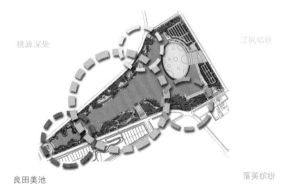

游线的曲折变化将整个游园分成四个区域，结合《桃花源记》中所描述的游线布置，形成一个完整且变化丰富的景观序列。行走其中仿佛与世人千百年来憧憬的世外桃源相遇。

主要景观节点布置平面图

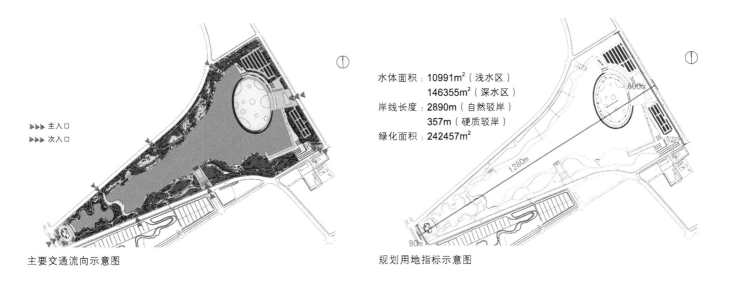

▶▶▶ 主入口
▶▶▶ 次入口

主要交通流向示意图

水体面积：10991m²（浅水区）
　　　　　146355m²（深水区）
岸线长度：2890m（自然驳岸）
　　　　　357m（硬质驳岸）
绿化面积：242457m²

规划用地指标示意图

全景鸟瞰效果图

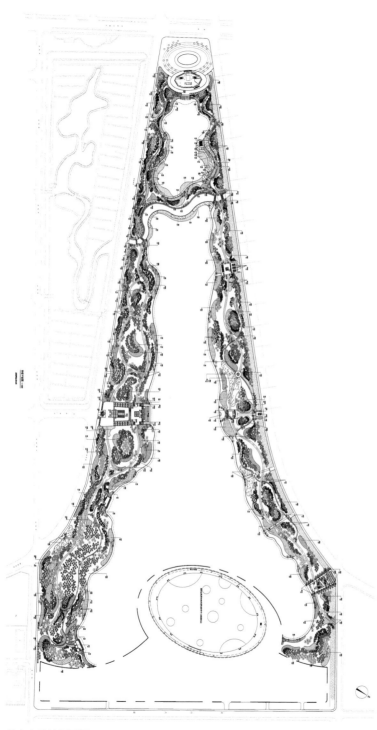

米立方种植平面图

3.3 设计理念

米立方项目正是以小站的地方文化特色为背景,以抽象的小站稻米为建筑符号,旨在表现小站的城市规划建设与经济文化发展。同样的米立方项目的景观设计也要最大限度地体现小站的文化特色与精神内涵。

小镇文化的核心是农耕文明,是人们渴望的和谐宁静的田园生活。随着小站的城市规划与经济发展,人民安居乐业,充分地享受着田园生活的自然之趣。想象这一幅图景,犹如晋代诗人陶渊明所描述的"世外桃源"。

《桃花源记》表达了诗人对美好生活的向往,他所虚构的"桃花园"正是景色怡人瑰丽,没有世俗纷争、没有战乱,人民生活富足安康的所在。而这一点正巧与小站的文化以及民生相契合,因此在设计中我们将桃花源的意境与内涵引入到景观中来,让昔日只能是文人墨客的理想的桃花源演绎出"新小站,新桃源"。

3.4 设计手段

(1)生态的景观:自然景观为表达的生态风景绿化带。

(2)科技的景观:利用新技术新材料,结合现代园林喷灌,营造科技型景观。

(3)人文的景观:赋予景观人文气息,与现代产业区的人文文化内涵相融合。

(4)可持续发展的景观:结合规划打造有产业区特色的宜居、宜赏、宜用的长效景观。

3.5 景观设计

游线的曲折变化将整个游园分成四个区域,结合《桃花源记》中所描述的游线布置,形成一

桃花谷节点效果图

漫空碧透节点效果图

万荷台节点效果图

荷桥月夜节点效果图 1

荷桥月夜节点效果图 2

柳荫廊节点实景照片

万荷台节点实景照片

个完整且变化丰富的景观序列，分别为桃源深处、江枫唱晚、落英缤纷、良田美池，行走其中仿佛与世人千百年来憧憬的世外桃源相遇。

3.5.1 将绿化设计融入景观中去

四个游园区域在岸线处设计几处大型的亲水平台，并利用乔灌木的栽植，营造出疏密有致、节奏丰富的岸线景观，使人行走于其间有丰富的景观可以欣赏。种植在整体的设计中，主要是运用乔灌木及花草的高度差异，创造出错落有致的多层次绿化空间，使硬质场地很好地过渡到绿化空间中，不仅体现出硬质场地的景观效果，而且营造出植物造景的理念，创造出和谐安宁的可供游人活动的绿色空间。在绿化搭配的风格上不仅采用了高度差异的变化，而且在部分绿化种植的设计中采用了自然式和组团式的栽植风格，让人游走于景观之间时做到步移景异，从不同的视角有不同的组团种植景观，同时

自然式的景观也能够使人感到身处于舒适的环境之中，感到舒适惬意。

在具体植物的选择上着重做到了植物配置的季节性，形成春季繁花似锦，夏季绿树成荫的效果，尽量避免选择的品种单调；临水岸部分选择以柳树来营造气氛，形成绿柳成荫的感觉。而在部分花灌木和色叶乔木的选择上可以按季节的不同选择早春开花的桃花、榆叶梅、连翘、迎春等；初夏开花的蔷薇、木槿等；秋天观色叶的三角枫、红枫、银杏等；冬季的常绿植物等，能够真正地做到三季有花、四季有绿的整体效果。

在重点进行绿化设计的同时，场地中也考虑到了对绿化竖向上的设计。采用了传统的手法进行了缓坡微地形的处理，一方面是为了造景的需要，另一方面也满足了植物生长的要求，而且在空间上堆出高低前后错落的地形，也营造了"桃花源境"的曲径通幽的效果，人们的视线在游览时不会直接穿透出去，起到了部分障景的

作用；在对植物造景的营造上，起伏的地形更容易形成优美的植物景观线和丰富的层次感，同时也能够使园路时隐时现，显得更为自然。同时起伏的地形也增加了绿地面积，加强了生态自然的效果。

3.5.2 硬质景观的运用以及其所带来的空间效果

几处临水平台的硬质铺装设计原则是在主要节点处留出大面积的可供人群运动活动的空间，保证基本的人群需要，在此基础上其他空间均采用人性化的设计，让人能够在游走中有休憩的空间。铺装因采用了石材，所以在整体的效果上能够让人感觉到所在的空间更有品质。

在硬质景观与绿化和水的交界处可以通过一些设计手段进行处理，如起坡的地形、可休憩的坐墙，或者用绿化栽植营造出来的围合空间的设计，都可以让人感觉到空间的围合性及心理的安全感；另外可以根据不同场地不同的功能来设计不同的围合范围，开敞性质的空间可以不用太考虑围合的界限，而类似儿童活动场地一类的空间就需要相对地围合来创造安全的空间。

道路硬质铺装作为场地之间的交通系统，可以引导人们到达不同的区域，而道路硬质铺装的选择取决于人们希望在行进的路途中能够有什么样的体验效果，行走在卵石路上和石材或者砖的路上会有不同的感觉，人们散步的时候往往会喜欢一些有脚感的铺装，而在跑步的时候会喜欢平坦的铺装，所以在设计中考虑了多种铺装形式相结合的方式。

3.5.3 水岸线及亲水平台设计

在水体的设计中，为了满足人的亲水天性，在场地中设计了能够让人接触到水体的开敞空间及亲水平台，以使人更好地体验与水接触的感觉，从而吸引更多的人群驻足停留。而在蜿蜒曲折的水岸线设计中，采用了自然式的岸线，同时园路随着岸线的变化来设计，游人行走于其间，水波荡漾加上自然式的植物栽植，透过树木和水面遥望远处米立方的建筑，别有一种惬意、身在桃源深处的感觉，达到了景观与建筑的深度融合。

3.5.4 景观小品的设计为点睛之笔

在米立方绿化景观设计中景观小品是必不可少的一部分，大到临水平台的景观廊架构筑物，小到标识设计。在设计小品的同时，力求强调功能性与观赏性的统一，同时也根据场地的整体风格，结合自然条件进行整体设计，强调设计与现状环境的整体统一性。

临水景观平台的廊架设计考虑到"桃源"的整体风格，采用了简洁偏自然式的设计，使人在廊架中小憩时犹如身处安静宁谧的野外环境之中。另外其他的景观设施例如座凳以及标识系统等均进行单独的风格设计，以求与整体风格相统一。

3.5.5 夜景灯光照明设计

从全局着眼、细部着手，根据现场条件以及景观因素，即广场、园路、树木等特点，确定合理的照明布置方案及照明方式，充分利用现代科技手段，营造出既具有功能性，又有景观性的灯光环境，同时又呼应着米立方主体建筑的景观照明系统。

现如今城市的喧嚣、工作的繁忙已经深入人们的生活，久居闹市的人们越来越渴望能够回到大自然，城市中的景观更多需要的是一种深度自然和使人仿佛置身于桃源的感觉。米立方的景观规划设计利用了其所在地理位置的文化背景，意在打造亲切舒适的景观绿化空间，不仅要使各个空间场地具有各自的功能性，更重要的是让人行走于其间能够感受到舒适惬意。

通过上述的对米立方景观项目的简析，可以总结出米立方景观规划方案的设计，不仅能够提升整个区域的景观效果和文化氛围，带给周边建筑无可估量的景观价值、文化价值和商业价值，而且能够提升其所在小站镇整个区域的整体氛围和价值。合理的世外桃源化的设计赋予了米立方项目人文的品味，使得整个项目鲜活起来。这既是以人为本的设计原则的最佳体现，也同时为小站镇带来了一股"桃花源境"的世外桃源般的感觉。

4 打造浪漫世纪公园
——江苏省南通市五步口公园景观设计

◎上海贻贝景观设计有限公司

4.1 开篇

你是否喜欢钢琴的唯美？你是否喜欢吉他的热情？

钢琴与吉他协奏，奏响浪漫世纪情歌，浪漫是景观的主题。

时尚、温馨、轻松、优雅、庄严，所有的氛围都在诠释着浪漫。

浪漫是她哭时你给她温柔的肩膀；

浪漫是他累时你给他灿烂的微笑；

浪漫是用心的倾听，是悉心的呵护，是倾心的相守，是心与心的交会。

浪漫是世纪相约，一生守候。

4.2 总体分析

浪漫世纪公园位于世纪大道和通启公路的交叉口，距离南通市政府 1km，是南通市新区发展的核心地段，南面是南通市妇幼保健院和南通市新区高中，项目占地 10.4hm²。

本项目实施后，将极大改善五步口地块的绿地生态环境，通过绿地景观提高周边区域的绿化环境，并扩展城市绿地系统，构成大环境绿化网架。本项目充分地利用现有水系的优越自然条件，形成大面积的水面空间和绿化地形空间，形成园区内点、线、面相结合的完整绿地系统。绿化体系的完善，使得城市自然环境也得以改善，配合城市投资环境的提高，将吸引更多的外来游客，由此也会更好地加强外界的交流，促进地区间相互联系，推动地方经济建设的快速发展。设计中重视参与性，挖掘每一处空间的价值，积极引导周边市民参与，使绿地价值最大化。

变电站占据了地块的南侧，让原本三角形的地块变得更加不完整；高压走廊穿过地块，限制着公园的整体布局，极大地影响了周边人们的安全心理。

我们通过视觉环境的重新定义，减弱变电站和高压走廊对周边地块和公园内部的影响。主题上紧扣浪漫，营造温馨舒适的氛围和时尚浪漫的环境。打造一个可以举行户外草坪婚礼、水上婚礼，可以承办中、西式婚宴，又可以供附近居民休闲、运动、交流的综合性城市绿地。

公园总体框架上由一环、一轴、两片共同支撑，一环是城市风景环，一轴是南北向的市政规划路 —— 浪漫大道。浪漫大道把公园划分为东片区和西片区两部分。

从城市上空鸟瞰整个公园，你会惊奇地发现，大草坪仿佛一颗绿宝石之心，包围高压塔的茂密森林仿佛一颗翡翠之心，平静湖水仿佛一颗蓝宝石之心。临街的餐厅，灵感来自三角钢琴；草坪的舞台犹如一个吉他拨片，通过公园的高压线就好像吉他的琴弦。

浪漫世纪公园按照功能、主题，划分为：城市风景环线、浪漫大道、丘比特广场、绿宝石之心、浪漫钢琴餐厅、吉他激情广场、翡翠之心、蓝宝石之心、老年人健康广场、儿童欢乐广场、氧吧漫步道等景区。

4.3 详细设计

公园的三面，人行道拓展成 6m 宽的法国梧桐大道，这是公园的外衣——城市风景环线。整齐的大树包裹着

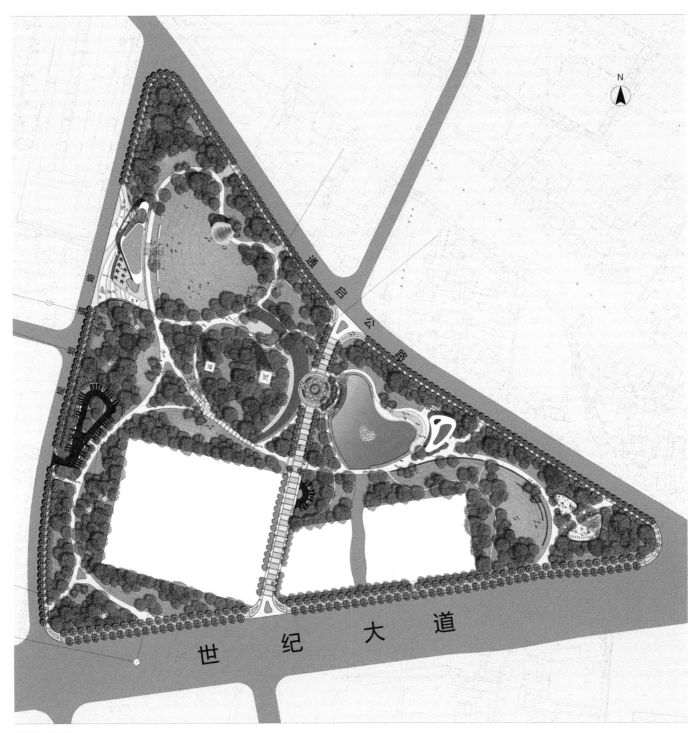

设计总平面图

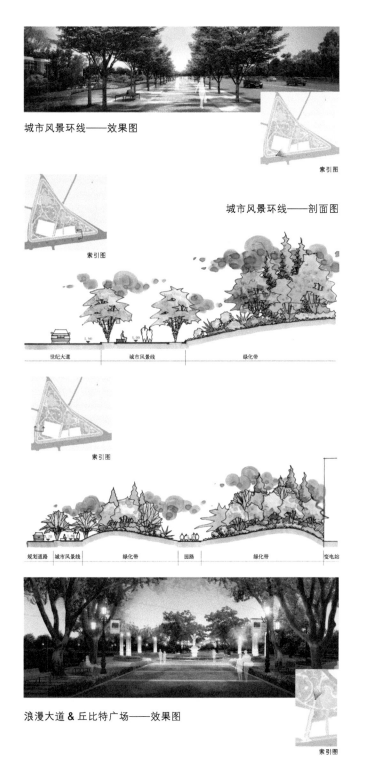

城市风景环线——效果图

城市风景环线——剖面图

索引图

索引图

世纪大道　城市风景线　绿化带

索引图

规划道路　城市风景线　绿化带　园路　绿化带　变电站

浪漫大道 & 丘比特广场——效果图

索引图

公园，生态的外围感受削弱了变电站、高压走廊对外界的影响，同时增加了休闲空间。由于大树的遮挡，35m内，完全感受不到变电站和高压走廊的影响。

景观化的铺装弱化了贯穿南北市政道路的等级感受，路口设置绿岛，减缓车速，让这条市政道路变成了点题公园的浪漫大道。挺拔的银杏、时尚的景观灯柱装点着浪漫大道，每到秋日，金黄色的银杏叶如雨飘落，浪漫而庄重。

浪漫大道的北段，丘比特广场连接着东西两个片区，丘比特的雕塑见证浪漫爱情，是心与心之间的连接。灯柱和花坛营造浪漫的氛围，跃动喷泉仿佛在吟唱歌颂爱情的乐曲。

4.3.1　西片区

在西片区，原本令人不安的高压线被我们赋予吉他琴弦的寓意，这里有犹如吉他拨片的舞台广场，还有灵感来自三角钢琴的浪漫钢琴餐厅，优雅与激情碰撞，钢琴与吉他协奏，奏响一曲浪漫世纪情歌。

西北角是休闲大草坪 —— 绿宝石之心，大草坪是人们活动的主要空间。儿童嬉戏、老年人漫步，自由而安全。这里还可以举行西式的草坪婚礼，爱心形的大草坪象征着忠贞的爱情。

浪漫钢琴餐厅位于大草坪的西侧，通过餐厅变换标高，公园内外有了丰富的竖向变化，建筑时尚而优雅，设计灵感来源于三角钢琴，这里可以承办中、西式婚宴。平日也是极具人气的创意餐厅。停车场位于餐厅南侧的高压走廊下，合理解决停车需求。

大草坪北侧是视觉核心——吉他激情广场，广场以吉他雕塑点题，造型犹如吉他的拨片，既可以作为举行婚礼的主舞台，也可以作为附近居民文娱活动的演艺广场。

穿过绿宝石之心往东是翡翠之心，茂密的森林围合着高压塔和高压走廊，避免不安全因素，翡翠之心起着城市生态绿肺的作用，浪漫的花海在翡翠之心东侧怒放。这样浪漫的场景，一定会吸引甜蜜的情侣拍婚纱照、拍外景，作为爱情的见证。

浪漫大道 & 丘比特广场——剖面图 1

绿宝石之心——效果图 1

索引图

浪漫大道 & 丘比特广场——剖面图 2

绿宝石之心——效果图 2

索引图

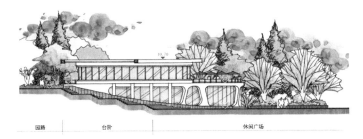

绿宝石之心——剖面图

绿宝石之心——效果图 3

索引图

森林密语——剖面图

索引图

4.3.2 东片区

公园的东片区安排了较为丰富的活动空间。老年人健身广场、儿童欢乐广场、个性时尚的红色休闲座椅镶嵌在绿色当中。

平静的湖面犹如一颗蓝宝石之心，与东片区紧密相连。心形的音乐喷泉为水上婚礼营造浪漫而美妙的氛围，滨湖的平台是观礼台。滨湖建筑设计得十分轻盈、灵巧。无论作为咖啡厅还是茶室，都能感觉到惬意、浪漫。

老年人健康广场和儿童欢乐广场位于东南角，被层次丰富的植物包裹着，虽然毗邻街角，却有围合空间的安全感。种植方面多选择有益健康的抗污造氧类植物，营造舒适、健康的活动环境。

绿宝石之心——效果图 4

索引图

绿宝石之心——效果图 5

索引图

老年人及儿童娱乐广场——效果图

索引图

老年人及儿童娱乐广场——剖面图

索引图

4.4 节约工程投资的措施

（1）有主有次、有的放矢。

把重要节点作为设计投资的重点，这样就可以合理的划分投资，从前期方案的角度节约投资。

（2）植物种植上使用乡土树种。

前期组织详尽的当地植物资源考察，目的在于更多更好地使用乡土树种，既能节约成本，又能保证成活率。

（3）硬质铺装上尽可能使用当地材料，并遵循有主有次的原则。

根据不同重点，使用不同层次的材质，减少不必要的材料费用，突出重点，保证均衡。

（4）通过竖向设计、水体设计，尽可能平衡土方，减少工程土方量。

（5）后期施工阶段，加强设计师现场指导。

施工阶段，我方设计师代表常驻现场指导施工，防止施工阶段由于质量问题、材料问题、工艺问题等原因造成返工所带来的不必要的损失。

4.5 总结

浪漫世纪公园，少不了浪漫的花海。

春有烂漫樱花，夏有绚丽紫薇，秋有浓香金桂，冬有清秀红梅。更有满陇的郁金香、薰衣草。时尚个性的户外设施、人性化的服务设施、浪漫的休闲商业环境为公园添色不少。

如果你们是谈情说爱的情侣，这里是最佳的定情之地；

如果你们是谈婚论嫁的爱侣，这里是最佳的结婚之地；

如果你们是年轻的父母，这里是最佳的亲子活动场所；

如果你们是儿孙满堂的老人，这里是最佳的城市健康氧吧；

如果你站在这里，看着一对对幸福的情侣，看着轻松休闲的人们，是不是会觉得浪漫就在身边，满溢的浪漫也许会横亘几个世纪，直到永远。

效果图

5 涌动的幸福气泡
——江苏省南通市幸福公园景观设计

◎上海锦展园林设计工程有限公司

5.1 开篇

> 幸福是温馨、甜蜜；
> 幸福是闲适、随性；
> 幸福是团圆、美满；
> 幸福是亲情、友情、爱情……

幸福是一个个七彩的气泡，包涵着融融的情，暖暖的意。

幸福公园，满怀幸福之心，以生态的环境和丰富的功能，配套城市，交织情感，回归田园。气泡象征大家的幸福包容小家的幸福，达到团圆美满，给幸福镇人留存一份最质朴的幸福。

5.2 总体分析

南通市幸福公园位于幸福街道办东侧，幸福镇中心路南。距离南通火车站直线距离不到两公里。距离濠河风景区约 6.5km，占地面积约 50000m²。

随着幸福镇居民生活幸福指数不断上升，幸福公园就像一颗晶莹剔透的绿宝石镶嵌在幸福镇，默默祝福着人们幸福的每一个瞬间。

整体设计上，公园被城市风景环线和生态环抱圈紧紧地围绕，使整个公园环境犹如一个天然生态氧吧。七彩幸福气泡的涌动，凝聚着所有人的梦想、希望、宁静与和谐。

公园分为 8 个主题功能区：大草坪休闲区、露天活动广场区、幸福之湖、健康芳香氧吧区、时尚运动区、休闲养生区、生态滨水区、森林漫步环道。各功能区由 3 条景观轴线串联而成，圆形的构图灵动、活泼，既便于功能空间的划分，又象征着不同主题的幸福感受，相互碰撞、相互影响、相互和谐。

5.3 详细设计

公园东、西、北三面为城市市政道路，人行道向公园拓展，形成 6m 宽的两排金色银杏大道。公园南侧毗邻幸福横河，设计生态、自然的滨水景观。银杏大道与滨水景观连接一体，成为公园的第一道景观环——城市风景环线。整齐的大树，林荫下的休闲座椅，滨水平台、休闲步道成为公园与城市的软分隔。既是视觉上公园和城市相互区别，又是交通流线上紧密联系的主要介质。

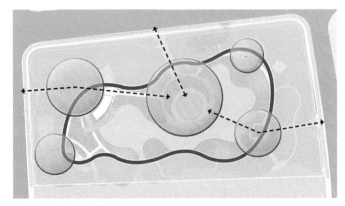

整体设计上，公园被城市风景环线和生态环抱圈紧紧地围绕，使整个公园环境犹如一个天然生态氧吧。七彩幸福气泡的涌动，凝聚着所有人的梦想、希望、宁静与和谐，从而营造出城市社区发展所需的综合性公园。

结构分析图

图例：
- ← ← → 景观轴线
- ━━ 森林漫步圈
- ━━ 城市风景环线
- 生态环抱圈
- 功能气泡节点

总平面图

鸟瞰图

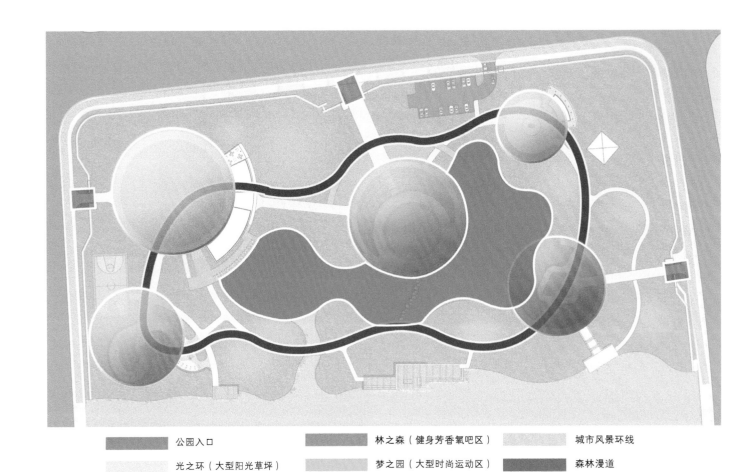

■	公园入口	■	林之森（健身芳香氧吧区）	■	城市风景环线
■	光之环（大型阳光草坪）	■	梦之园（大型时尚运动区）	■	森林漫道
■	音之谷（滨水演绎广场）	■	暮之韵（时尚休闲区）	■	幸福之湖

概念功能分析图

滨河

银杏大道

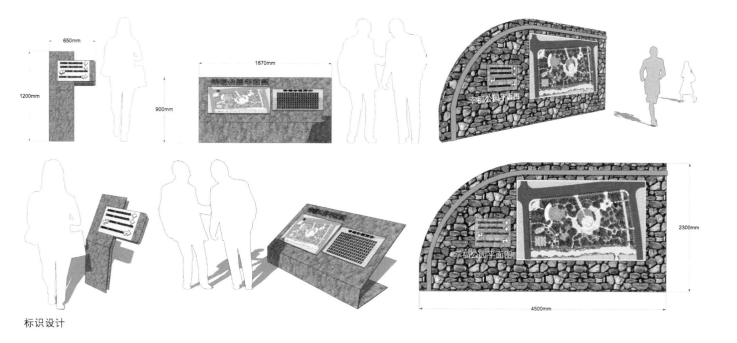

标识设计

城市风景环线内部——生态环抱圈，完全是绿色与生态的肌理，生态组团的打造为整个公园穿上绿色的外衣，就如同一个绿色的海洋，海浪随林冠线的起伏随意涌动，而一个个功能空间就如同七彩的幸福气泡，在海浪中时隐时现。

幸福公园共有东、西、北三个入口，入口设置遵循方便、快捷的原则，最快地引导人们进入公园的核心景观区，这里也是幸福的开始。

从入口广场往东，进入圆形的大草坪，感受橙色阳光的洗礼，大草坪休闲区——光之环的入口处设置一栋独具特色的滨水景观建筑，在形态上、材质上形成时尚、大气、质朴的建筑风格，建筑面积约 800m²。其功能以休闲商业为主，设有咖啡吧、茶室、棋牌室等，提升公园配套需求。沿着环形林荫大道漫步，映入眼帘的是满满的绿色，在草坪上玩耍、嬉戏、放风筝……点滴幸福的记忆，也是幸福的延续。

露天活动广场——音之谷，是公园的核心，下沉式

的大台阶是休闲玩耍的好去处，蓝色水体环绕着活动广场，映射着天与地的色彩。在这里有足够的空间供老年人跳舞、健身。开阔的空间、优雅的环境，心情也随之放松。在水体与下沉式广场的设计中最大化地平衡土方。

幸福之湖围绕着露天活动广场，波光粼粼，温柔而静谧，湖边林木茂盛，繁花似锦，幸福之湖点题幸福公园，是整个公园最大的景观亮点。

健康芳香氧吧区——林之森，位于公园的最东侧，以墨绿生态为主题，通过区域内植物群落的营造和芳香类植物的种植，打造出私密休闲、互动交流的空间。

公园的西南角是时尚运动区——梦之园，集滑板、滑轮、儿童活动、老年人健身等功能于一体，充分体现城市综合公园的多彩、时尚、跃动。在这里，幸福是一种轻松、愉悦的心情，人们可以缓解压力、释放激情、体会酣畅淋漓的轻松与快乐。

休闲养生区——暮之韵，位于公园东北角。特色的小型景观建筑，是一个颇具品味的茶室，像一个装满幸

大草坪

东入口

儿童活动区

广场

河岸

林荫

森林

休闲养生区

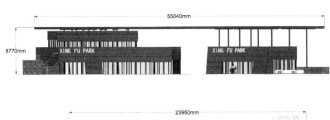

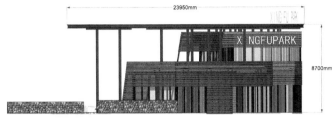

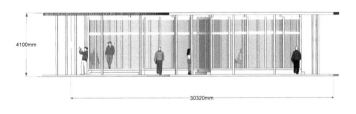

幸福公园单体景观设计

福的盒子,给幸福镇人提供一个品茶的静谧场所,景观建筑也是广场的核心。时尚的外表、休闲的功能,充分体现出幸福愉悦的氛围。

生态滨水区——位于公园濒临幸福横河的区域,营造模拟自然生态、质朴天然的河岸景观。漫步岸边,自然、田园气息扑面而来,在城市化发展的今天,幸福公园给幸福镇居民留存了一份最真实的记忆。

森林漫道——一条穿梭于公园密林区域的环形带状景观,将不同区域的幸福气泡有序地联系起来,形成层次多变、动静相宜的道路景观。并为整个园区的设计画上圆满的句号,点明圆满幸福的主题。

整体设计上绿化配置应突出生态化和自然化的需求,再根据各区域的设计主题,配置相应树种,形成富有特色与变化的植物群落。绿化树种拟选用生长健壮、病虫害少、易于养护的品种,绿化栽种时拟成团、成丛并分层种植,有意识地形成开放与郁闭的空间对比。

园林景观小品的设置及铺地材料的选择,既要满足设计的主题风格,同时也要节约经济成本,尽可能地选用当地的本土材料,做到既能节约成本,又能体现现代景观的简洁大方与国际化。

根据土方就地平衡原则,在绿地上作自然起伏的地形处理,竖向高差控制在 2m 之内。由于有自然河道毗邻地块,所以设计了大面积水体,也能起到平衡土方的作用。绿化灌溉就近取水,直接利用河道景观水来灌溉。

我们在设计当中也十分重视环境保护的可持续性,主要包括两个方面:

一是保护特殊环境的生态性,如自然河道,应根据水体质量和水体状态加以保护、改进,使河道的生态系统得到改善,从而形成可持续的生态系统。

二是使绿地可接待的游客量控制在环境可承受的范围以内,以维持生态平衡。保证公园资源的合理利用及可持续发展。

中心鸟瞰

5.4 结语

　　幸福之于幸福镇，是流淌在血液里的符号，是深入脑海的印记。人们在感受城市化带来幸福生活的同时，依然渴望在心灵的深处留存对于幸福镇的记忆。

　　幸福公园用开放的胸怀、丰富的功能、生态的环境、多彩的生活，从引导小家的幸福开始，改善幸福镇的城市环境，提升居民的幸福指数。小幸福催生大幸福，大幸福包容小幸福。

　　我们在这里探寻未来幸福生活的模式，感受内心深处幸福的记忆。

主入口

6 内蒙古自治区乌兰察布市老虎山公园设计

◎ 么永生设计工作室

6.1 项目概况

老虎山生态公园位于内蒙古自治区乌兰察布市集宁区，面积为 31 万 m²，海拔 1447.5m。

公园始建于 1967 年，经历了两个主要的建设阶段：第一阶段是在 1983 年。这一年是老虎山生命史上闪光的一年，是它发展进程中的一个重要的起点。老虎山正式挂匾入册，首次以公园的身份在世人面前亮相，其间修筑了通向山顶的石阶路和曲栏，新建了色彩迥异的徙山、卧虎、俯集等亭阁，游人日渐增多。第二阶段是 2003～2006 年，第一期建园工程顺利展开。截至 2006 年底，完成主大门瀑布区、纪念碑区、古城碑区等景区的建设及 13 个凉亭、33km 园路建设。

2007 年实施了老虎山景观绿化改造工程，新建老虎山公园生态道景观带，新建文化娱乐景观区、体育广场、文化广场、健身广场各一处，改善了老虎山公园的基础设施。为了增加老虎山公园的文化内涵，提升老虎山公园的文化品位，特别制作青铜雕塑虎两尊，形成铜虎区广场，为老虎山公园增添了新的亮点。

2008～2010 年，集宁区加大对老虎山公园现有景观的完善，栽植大量植物，使老虎山公园成为城市中真正的"绿岛"。

老虎山公园位于城市中心区，位置优越。公园内部地形丰富，具有一定的自然景观条件。经过多年的建设，公园已经具备一定规模的广场等设施。

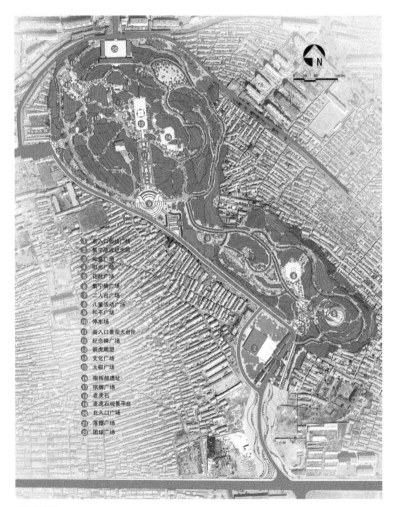

① 主入口集散广场
② 集宁战役纪念馆
③ 阳谷广场
④ 阳光广场
⑤ 花台广场
⑥ 集宁碑广场
⑦ 二人台广场
⑧ 儿童活动广场
⑨ 和平广场
⑩ 停车场
⑪ 南入口景观大台阶
⑫ 纪念碑广场
⑬ 铜虎雕塑
⑭ 文化广场
⑮ 太极广场
⑯ 指挥部遗址
⑰ 棋牌广场
⑱ 老虎石
⑲ 老虎石观景平台
⑳ 北入口广场
㉑ 落雁广场
㉒ 团结广场

总平面图

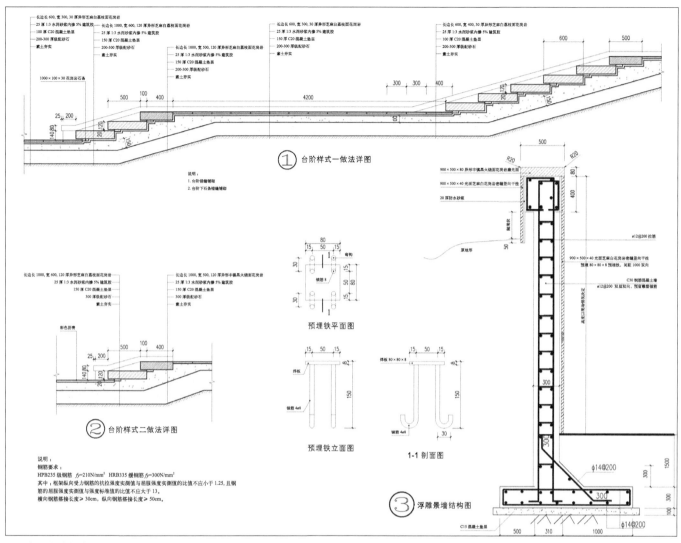

和平广场台阶做法详图

6.2 公园改造前状况及改造的必要性

6.2.1 植物

　　园内植物数量虽然很多，但基本都是很小的规格。而且由于栽植时没有很好的规划，基本属于荒山绿化造林，致使植物群落不完善，植物层次缺乏，植物景观效果比较差。公园内部缺少精细的景观植被，缺少常绿树，冬季景观匮乏。由于乌兰察布市干旱少雨，山地土壤贫瘠，现有树木长势非常差，基本达不到景观造景要求。

6.2.2 道路、铺装广场

　　由于公园位于城市中心区，公园内部无闭合一级园路，社会车辆和游人人车混行，早晚人流量大，非常危险；公共活动空间较少，缺少市民休息的功能性广场。公园

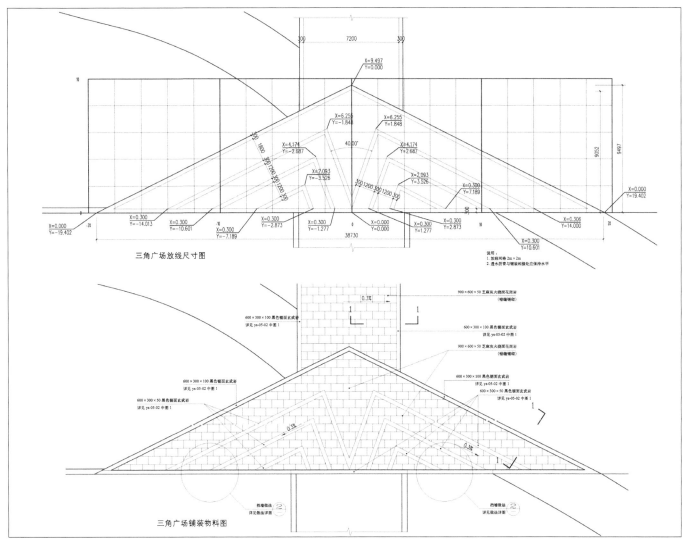

三角广场放线尺寸图

三角广场铺装物料图

旗帜广场平面及放线图

内的道路由于使用年限较长，面层出现了变形或断裂的现象。而且道路面层主要为水泥路面，景观效果很差。绿地内有很多行人踩出的小路。现有铺装广场造型缺乏规划，已不能满足景观的需求。

6.2.3 小品及构筑物

公园内小品数量极少，大多已破损严重。园内有几座景观亭，造型均欠推敲，且与周边环境风格不太贴合。

作为公园主景的集宁烈士纪念碑，因广场面积过小，已不能满足使用需求。

6.2.4 公共设施

公园内只有两处卫生间，不能满足公园内游人的使用需要。园内基本无座椅，垃圾箱年久失修，照明设施严重不足，不能满足夜间游园的需要，灯具样式陈旧。

通过以上的现状分析，我们总结出了目前老虎山公

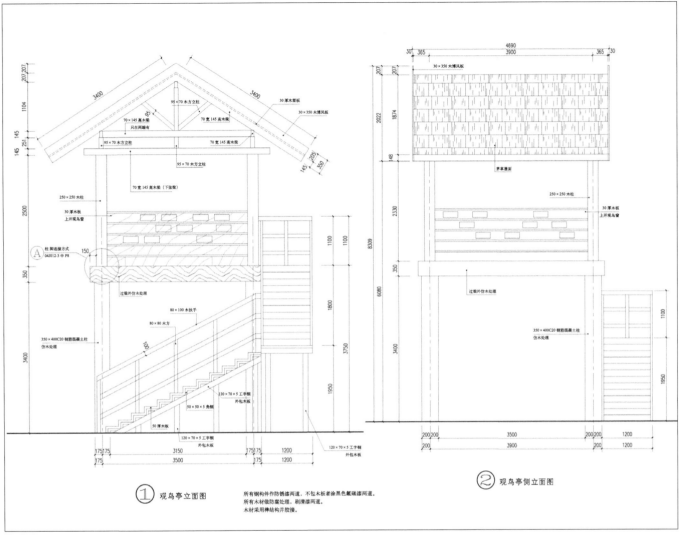

观鸟亭立面图

园存在的问题：首先，在功能和布局上，由于建设时缺乏总体规划，公园功能严重缺失，布局不合理，随着时间的推移和使用人群结构的变化，公园已经不能满足当今游人的休闲游览需求；其次，由于公园建成时间已久，现有设施急待更新，全园原有硬质景观及配套设施也不适应现代生态公园的要求。

为提升公园品质，创造更好的市民休闲娱乐环境，集宁区委、区政府决定对公园进行重新规划设计。

6.3　设计目标

本次规划设计主要是针对公园现存的问题，对公园的功能分区进行重新划分和完善。

首先是重新规划公园的交通系统。在公园西北边缘增加从虎山西路至集宁纪念馆的市政道路，并取消北入口的车行功能，从而限制社会车辆从公园内部的穿行。增加东、南两个公园主入口，并完善公园西入口的功能。

完善游步道系统和纪念碑广场，突出公园的革命纪念主题和"集宁路"古老的草原丝绸之路文化，增设灯光照明设施、灌溉系统、服务设施、健身设施、标识牌、景观小品等，使公园景观更加丰富，功能进一步完善。

老虎山公园的景观建设工程将对提升集宁城市品位和树立城市形象，促进生态、社会、经济和谐、持续发展起到巨大的作用。

6.4 具体改造方案

1号山主要围绕纪念碑广场展开，突出红色革命文化主题。分为和平之轴、红色记忆、团结纽带、虎山印象四个区。活动主题以安静活动为主，设置棋牌园、阅读空间、太极广场等。

2号、3号山及东入口主要围绕集宁碑广场展开，以集宁区历史文化为主题，突出金色印象。分为金色大道、五彩花台、历史射线三个区。活动主题以休闲活动为主，设置健身步道、戏曲广场、儿童活动广场等。

新建南入口位于纪念碑的正南部，和新建市政路相接。入口区以革命纪念为主题，入口广场平面造型为两只和平鸽，取名为和平广场。和平广场半径为48m，以纪念1948年集宁解放。和平广场周边布置有浮雕景墙，表现内容为集宁三大战役的内容。和平广场以99级花岗岩台阶连接纪念碑广场，形成一条庄严肃穆的公园景观轴线。在台阶两侧布置有三组橄榄枝造型的广场和花坛，以突出整个景区的和平主题。

纪念碑广场向东西两侧拓宽，以改善现状广场狭长的感觉。

西入口用飘逸的曲线将碉堡遗址逐个串联，并成为晨练人群的健身步道。

新建东入口位于纪念馆的北侧，包含2号、3号山在内，被称为"双峰广场"景区。此景区以"集宁路"文化为主题，体现古代"草原丝绸之路"的繁荣景象。和新建市政路相接的入口广场平面为古代马车车轮形状，以突出古代集宁路的繁忙运输景象。入口广场半径为24m，以纪念1924年此处重新命名为集宁。

老虎山公园东入口设计方案平面图

鸟瞰图

儿童活动场

纪念碑

戏曲广场

纪念碑广场

从入口广场往北的主路长为 **119.2m**，以纪念 1192年集宁建城。

2 号、3 号山以顺地形布置的挡土墙连为一体，平面似骆驼的双峰，所以命名为双峰广场。骆驼是古代草原丝绸之路上极为重要的运输工具，以骆驼为主题，也体现了古代集宁路的特色。

通过坡度分析及坡向分析，完善了公园的交通体系，增加了观光车游览路线，设置了 9 个观光车停靠站。并根据坡度分析及坡向分析，完成了防洪规划。

在植物景观规划方面，突出了"两面、三轴、六带、多点"的总体规划思路。1 号山以纪念为主题，突出红色主题。分为春华、秋实、秋意红霞、冬雪等植物景区。主干特色树种为元宝枫、火炬等落叶乔木。2 号、3 号山及东入口以历史为主题，突出金色印象。分为金色年华、仲夏之味两个植物景区。主干特色树种为白蜡、金叶榆等落叶乔木。栽植各类树木共计 16 万株。

全园增设了灯光照明设施、灌溉系统、服务设施、健身设施、标识牌、景观小品等，公园园路丰富多样，既满足使用功能又含有文化元素，使公园景观更加丰富，功能进一步完善。

6.5　小结

通过对公园的整体重新定位及规划，使老虎山公园的功能分区明确、设施完善、景观丰富，满足了集宁人民休闲娱乐及游客观光游览的需求，老虎山公园的景观建设工程将对提升集宁城市品位和树立城市形象，促进生态、社会、经济和谐、持续发展起到巨大的作用。

7 辽宁省大连市泉水华东路城市公园景观概念设计

◎ 大连老撒园林环境设计有限公司

7.1 基地现状

　　该地块位于大连泉水华东路东侧，基地东北面为泉水奥林园大型住宅社区，周边还集中了大连市第23中学以及华南家居大世界等配套设施。此地块是泉水地区的重要地块，东西宽约190m，南北长约740m，占地面积约为14万 m²。

7.2 现状综合评价

7.2.1 有利条件

　　（1）为泉水的中心地块，是该地区不可多得的绿地。
　　（2）基地周边用地为文化娱乐用地、商业金融与居住用地，可以看出它的建设对周边地区的开发具有重要意义。

　　（3）基地内大部分的面积为平地，便于改造，这为场地的重新规划设计提供了良好的基础。

7.2.2 不利因素

　　（1）周边建筑、构筑物较陈旧，一定程度上影响了公园的品味。
　　（2）基地现场比较乱，无植被覆盖，景观单调。
　　（3）基地内部高压线塔与高压线密集。

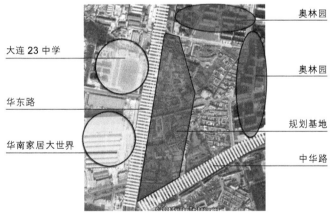

基地地理位置

现状照片

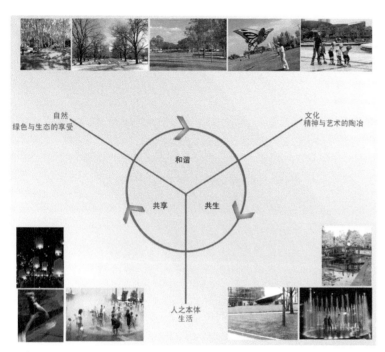

设计理念

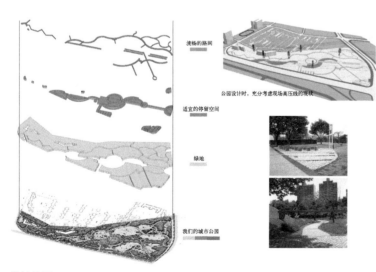

设计构思

7.3　设计原则

（1）满足城市居民的生活、休闲等需求，充分利用城市中不可多得的绿地，把握人性化的尺度要求，通过自然资源的开发利用，创造优美的环境，营造场所的归属感，提升其整体价值，创造优美的休闲空间。

（2）公园以创造良好的生态环境为前提，合理应用水体和植物改善生态环境，坚持可持续发展，形成与环境相呼应的生态、群落式绿化，注重植物乡土化、多样性以及群落的稳定性，从而以良好的自然生态环境作为场所和景观的底色，创造自然和谐的户外空间，以优美、舒适的自然生态环境吸引游人。

（3）因地制宜，充分考虑周边基础条件，创造自然环境与人文环境共生、和谐的公共空间。

7.4　规划目标

以自然空间和商业空间为主，结合周边情况，将公园建成一个自然与人文交融的集休闲、娱乐、游览于一体的现代城市公园，同时，成为大连北部泉水地区的标志性区域。

7.5　设计主题及理念

7.5.1　设计主题

自然、精神文化与人类的和谐、共生（绿色自然中的红色纽带）。

7.5.2　设计理念

（1）空间类型的多样化

人类对于公共空间的需求是多样化的，有的喜欢开敞的、便于交流的场所，有的喜欢带有一定私密性的个人空间。因此，本方案在视线与空间开敞度设置上考虑到人的实际需求，合理安排开敞空间、半开敞空间与私密空间，使得整个空间变化丰富且井然有序。

（2）景观元素的符号化

设计中采用不同的线形表现方式，简洁明快的直线条使用在人行步道及林荫广场中，突出人工景观的简约大气；自然顺滑的曲线条用于大范围的自然区域，彰显自然、和谐。通过将广场、道路、雕塑小品、构筑物这些景观元素的表现符号化，使得区域间的可识别性提高。

（3）植物造景的层次化

城市中那些平坦、单一、一览无余的绿地景观往往使得植物造景显得过于规整而缺乏生气，而多层次的植物景观序列能够给游人带来更加丰富的视觉感受。

7.6　规划结构与功能分区

7.6.1　规划结构

整个城市公园规划结构为"两带、一轴、一心、一环"。

（1）两带——华东路绿化景观带、广场东侧景观隔离带

华东路为泉水地区乃至大连市的主要干道，正在建设的高架桥也贯穿此地。因此，华东路绿化景观带在一定意义上不仅是公园的公共绿地，更是我们大连市的标志性、形象绿地。

广场东侧景观隔离带既是此广场与未来小区的隔离带，更是纽带。此处景观设计，我们在保证了小区良好

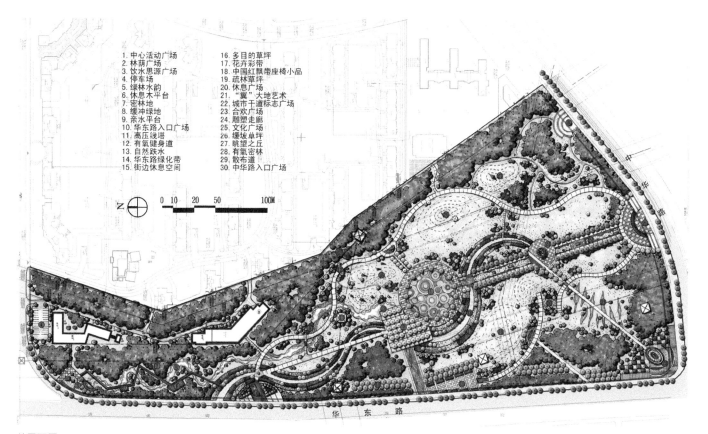

1. 中心活动广场
2. 林荫广场
3. 饮水思源广场
4. 停车场
5. 绿林水韵
6. 休息木平台
7. 密林地
8. 缓冲绿地
9. 亲水平台
10. 华东路入口广场
11. 高压线塔
12. 有氧健身道
13. 自然跌水
14. 华东路绿化带
15. 街边休息空间
16. 多目的草坪
17. 花卉彩带
18. 中国红飘带座椅小品
19. 疏林草坪
20. 休息广场
21. "冀"大地艺术
22. 城市干道标志广场
23. 合欢广场
24. 雕塑走廊
25. 文化广场
26. 缓坡草坪
27. 眺望之丘
28. 有氧密林
29. 散布道
30. 中华路入口广场

N　0　10　20　50　100M

华　东　路

总平面图

私密性的同时，更有机地将其与公园结合在一起。给未来的住户提供了优美的外部环境，为此处提供了良好的卖点。

（2）一轴——精神与艺术之轴

此轴横贯广场南北两侧，连接中华路与华东路。位于华东路西侧的大连市23中学提升了这里的人文环境，轴的起点也从这里开始。轴上布置各类艺术小品、雕塑，提升了艺术品味。而我们利用中国传统景观元素——中国红的龙形曲线形成红色纽带，更体现了自然、精神文化与人类的和谐、共生。

（3）一心——广场中心活动区

位于整个公园核心区域，包含了中心圆形下沉广场与方形树阵林荫广场。

（4）一环——围绕整个公园的5m宽的自然环形园路"景珠也，路串之"，整条环形的园路将公园中的各个广场与景点有机地联系在一起，同时，还起到了消防作用。

7.6.2 功能分区

整个城市公园分为四个大区："绿林水韵"、"红色畅想"、"城北新翼"、"绿林流翠"。

（1）绿林水韵

位于公园的最北侧，整个区域以栽植密林为主，不仅可以遮挡道路交通带来的不便影响，使场地内部处于

整体鸟瞰效果

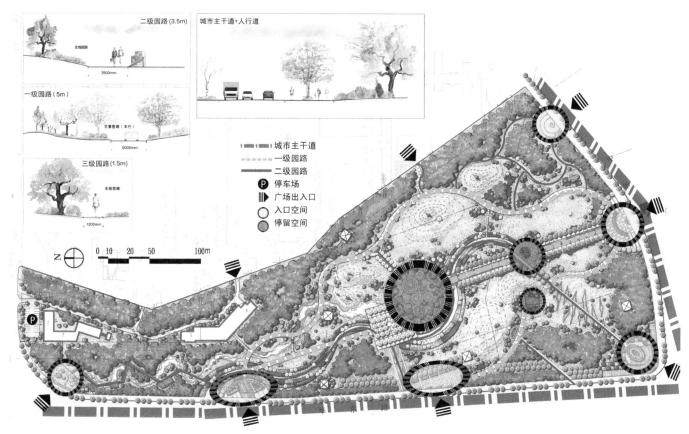

二级园路 (3.5m)

支线园路

3500mm

一级园路 (5m)

主要园路 (车行)

5000mm

三级园路 (1.5m)

支线园路

1200mm

城市主干道+人行道

城市主干道
一级园路
二级园路
P 停车场
广场出入口
入口空间
停留空间

N

0 10 20 50 100m

交通流线分析图

一个相对安静的环境，而且也为内部小区提供了良好的环境（此处道路与小区距离最近）。避开高压走廊，大量种植高大的乔木，1～1.8m高的木栈道在林中蜿蜒延伸，栈道下方有水流过，配合旁边丰富的植栽，游人漫步这里格外心旷神怡、流连忘返，木栈道让游人与自然更加亲近。同时，公园也为23中学的师生们提供了良好的户外环境。

（2）红色畅想

红色畅想位于整个公园的中心区域。包含中心广场、林荫广场以及大型红色纽带艺术雕塑，是公园的核心。色彩艳丽的花卉在这里竞相开放，人工建造的微地形配合丰富的植栽为这里形成了良好的小气候。孩子在广场上奔跑、游憩，成人则尽情享受着大自然与艺术给予的无私恩惠，一派生机勃勃、其乐无穷的景象。

（3）城北新翼

位于广场西侧，与华东路毗邻。这一区域主要采用绿化形式，同时配合人性化的人行道形式。绿化采用复式结构，从低向高递进，从未来建成的高架上看，也有良好的视觉效果。艺术性极高的大地艺术配合园路，如同张开的双翼，预示着展翅飞翔，飞向美好的未来。

（4）绿林流翠

连接公园与公园东侧的奥林园小区。这里也主要采用大量绿化的形式，同时设计交流广场、游戏广场、休闲广场等小型开敞公共空间。为以后的小区提升卖点。

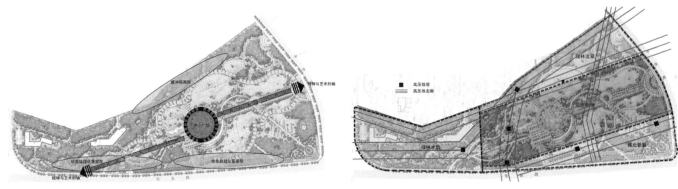

景观构成分析图   景观功能分区图

中心广场效果

7.6.3　其余主要景点介绍

（1）中心广场区

中心广场由彩色水泥、广场砖以及花岗岩构成，具有活泼、艺术的图形。考虑到北方的实际气候条件，水景采用旱喷形式。冬季避免使用，夏季开放，增加氧气负离子，改善小气候，提升空气质量。孩子可在中间穿梭嬉戏。广场采用下沉形式，增加广场的独立性，围绕周边种植高大乔木提升广场的观赏性。大面积的铺地还可用做表演空间，宽大的室外台阶用作座椅，从而提升了广场的使用率。整个广场面积大约 6000m²。

下沉中心广场旁边是方形休息树林广场，排列整齐的树阵增加了空间层次，提高广场的舒适度。枫树与榉树使得广场随季节的不同有景观上的变化。树荫为前来游玩的人们提供休憩、交流的场所。树池以鹅卵石覆盖，小尺度的铺装设计和周边设置的座椅营造出亲切宜人的环境氛围，满足游人休息的需要。

（2）天地合欢

位于绿地中央区域，是主要的绿地景观节点。四周是开阔的疏林地形大草坪，游人可在优美的合欢、银杏树荫下闲坐、交谈。九宫格形式的铺地增加了文化气息。

（3）微地形景观

由于现有地形过于平坦、单一。我们因地制宜地设计了一些微地形景观，打破这种单调景观，避免视觉疲劳。植物种植以孤植、散置为主，配以大片的草坪以及郁郁葱葱的密林，创造自然宜人的室外空间。

此外，还有密林探幽、饮水思源、多目的草坪、大地艺术等景点。

7.7　结束语

建成的城市公园，我们希望它不仅发挥生态绿地的作用，除了满足一般城市绿地公园的基础作用外，更成为城北地区的标志性城市绿地，为这一区域的经济繁荣发挥至关重要的作用。

8 吉林省吉林市江北公园景观改造概念设计

◎ 泛亚易道（大连）环境艺术设计有限公司

8.1 项目概况

江北公园坐落在吉林市龙潭区政府南 500m，松花江哈龙桥北约 800m，占地面积 27.5hm²，其中水体面积 2.7hm²。公园周长 2238m，南北长约 700m，东西长约 390m，园内林密花艳，水清草绿，飞禽走兽一展英姿，亭廊桥榭交相辉映，是一座供人们休息、娱乐、赏花、观景、垂钓、游船的现代化综合公园。

有诗曰： 闹市区中一园林，树郁花艳景致深，
　　　　休闲娱乐春光美，引来万千踏青人。

8.1.1 现状综合评价

有利条件：

（1）为吉林市中心不可多得的集中性绿地。

（2）基地周边用地为文化娱乐、商业金融与居住用地，可以看出它对周边地区的开发具有重要意义。

（3）基地内地势较为平坦，便于改造，这为场地的改造设计提供了便利的条件。

（4）公园内原有水体、植被保护良好。

不利条件：

（1）园内建筑物、构筑物、铺装的设施较为陈旧，影响美观。

（2）基地现场较为杂乱，规划缺乏合理性。

（3）植物不够茂密，地势过于平坦，缺乏变化。

8.1.2 规划目标

以现场自然条件为基础，结合周边使用功能，将公园改建成为一个自然与人文交融的，集休闲、娱乐、游览、

区位图

运动、观赏等功能为一体的现代综合性公园，成为吉林市的标志性场所。

8.2 设计理念、原则

8.2.1 生态、环保、低碳、人性

设计季节适宜的园境和开放空间，在色彩上进行适度的推敲，将地形、水体、植被作为设计的重点，提倡各处公共空间均依据不同的人口数量而做相应的考虑，突出水和绿，以人为本。

8.2.2 自然生活

开放空间与都市结构的合而为一。
尽可能利用天然与现状资源。

8.2.3 文化生活

创造城市绿地内便捷的娱乐设施（徒步小径、运动场）。
形成现代、自然的景观风格（简约的形式、天然质朴的材料、自然的色调配以点缀色彩）。
将艺术有机地与景观、自然环境联系在一起。

8.2.4 设计主题

自然、精神文化与人类的和谐、共生（绿色自然中的空间纽带）。

8.2.5 设计手法

（1）空间类型的多样化——人类对于公共空间的需求是多样化的，有的喜欢开敞、便于交流的场所，有的喜欢带有一定私密性的个人空间。因此，本方案在视线与空间开敞度设置上考虑人的实际需求，合理安排开敞空间、半开敞空间，使得整个空间变化丰富且井然有序。

（2）景观元素符号化——设计中采用不同的线性表现方式，简洁明快的直线条使用在人行步道、景观轴线

现状分析图

及林荫广场中，突出人工景观的简洁大气；自然顺滑的曲线条用于大范围的自然区域，彰显自然、和谐。通过将广场、道路、雕塑小品、构筑物、水体这些景观元素的表现符号化，使得区域间的可识别性提高。

（3）植物造景的层次化——园区内那些平坦、单一、一览无余的绿地景观往往使得植物造景显得过于规整、缺乏生气，而多层次的植物景观序列能够给游人带来更加丰富的视觉感受。

8.3 标准化设计

8.3.1 景观水体处理及维护方式

（1）物理方法：除了直接引水换掉这个方法，通过强制循环加强水系的流动性是一个有效的途径，代价是需要比较大的消耗。

（2）化学方法：投加化学灭藻剂，杀死破坏水质的藻类，但该方法对环境的污染也在不断增加。

（3）以生态系统处理景观水：景观水体只有利用生态系统处理，增加水体本身的自净能力，水质问题才能得到根本解决。这是生态系统工程的处理方法：

①向湖中投加适量的复合活性菌。

②生物挂膜运行。

③种植水生植物和养殖水生动物等净化生物。自然界中有些动植物既有观赏价值又有净化水的功能，适当种养对池水的自净能力是有帮助的。另外，水体中放养适当的水生动物可以有效地去除水中富含的营养物质，投放适量有序可以达到水质净化的最佳效果。

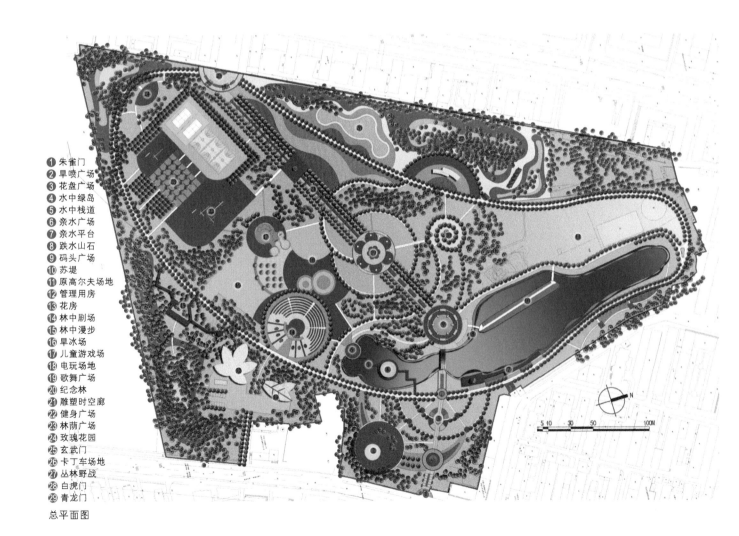

① 朱雀门
② 旱喷广场
③ 花盘广场
④ 水中绿岛
⑤ 水中栈道
⑥ 亲水广场
⑦ 亲水平台
⑧ 跌水山石
⑨ 码头广场
⑩ 苏堤
⑪ 原高尔夫场地
⑫ 管理用房
⑬ 花房
⑭ 林中剧场
⑮ 林中漫步
⑯ 旱冰场
⑰ 儿童游戏场
⑱ 电玩场地
⑲ 歌舞广场
⑳ 纪念林
㉑ 雕塑时空廊
㉒ 健身广场
㉓ 林荫广场
㉔ 玫瑰花园
㉕ 玄武门
㉖ 卡丁车场地
㉗ 丛林野战
㉘ 白虎门
㉙ 青龙门

总平面图

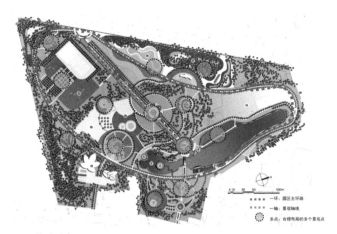

景观构成分析

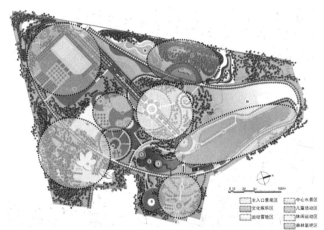

功能分析

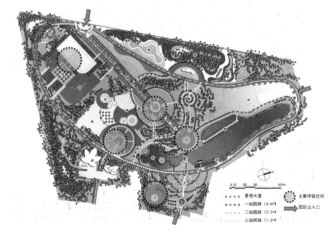

交通流线分析

主入口效果

旱喷广场

假山流水

亲水木平台

时空雕塑长廊

舞池广场

野外露天剧场（孔雀圆舞曲）

时空雕塑长廊

林中栈道

旱冰场

儿童活动场

百姓休闲活动广场

8.3.2 灯光设计说明

（1）以人为本,从人的视觉感受出发,营造舒适、安全、健康的夜景灯光环境。光环境的设计应回归地域审美,讲求"天人合一",产生亲和力及归属感,形成恬静、淡雅和质朴的感觉。

（2）公园夜景光环境的设计应借助于光影的交错、明暗的分布及色调的变换,利用点、线、面的结合,展现一副富有韵律和节奏、动静相宜的画面,建立一种壮观的空间序列,营造一个体验、想象的场所。

（3）公园的照明分功能性照明、一般性夜晚照明、节假日景观照明和庆典时的灯火表演等四级,以便于管理、节约能源。一般日夜晚设置装饰性草坪灯、庭院灯和挡墙灯。节假日各种颜色的射灯将树木、构筑物、喷泉等照亮,建筑物的轮廓灯也开启,同时开启水雾激光表演的舞台及庆典时的灯火表演。

8.4 种植设计

8.4.1 基本原则

（1）绿化要求生态效益与植物造景并重,尽量保留原有树木。

（2）根据生物学特性和美学要求进行乔木、灌木、地被三者的合理配置,三者的覆盖率达到绿地面积70%,在自然条件下三者能够健康生长,并有变化丰富的季相、色相、林缘线和林冠线。

（3）掌握树种的生物性和生态性及其与气候、土壤、地形地貌等环境因子的相互关系,尽量选用地区乡土树种及适生树种。

（4）根据不同景点特性选择不同的种植方式及树种,营造不同的植物景观。

（5）植物造景要求近期与远期景观结合。

8.4.2 植物景观类型

（1）庭院空间:以高大的落叶树从植或孤植树为主,点缀绣球、榆叶梅等造型优美的植物或常绿灌木,以海棠、柿树、丁香等色叶或观果灌木做主景,下植玉簪类耐荫地被,达到简洁、流畅的效果。

（2）广场空间:多以丛植或孤植为主,选择槐树、元宝枫、槭树等冠幅大、生长状态良好的乔木,以供人们享受夏荫冬暖的舒适环境,下层种植杜鹃等,在临水的林荫广场,种植柳树、马蔺、千屈菜等耐水湿植物。

（3）水域空间:浅水区或岸边种植水生或湿生灌木,在陆地上以自然的种植形式为主,营造出植物自然生长的状态,选用干型笔直、竖线条植物形成林地。

（4）缓坡草坪:营造层层密林或者疏林草坪的绿地景观。

（5）沿街绿地:参考现有绿化形式,采用复式递进式绿化。

公园位于城市中,本着注重城市生态效益、遵循以

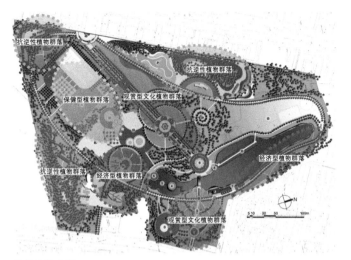

绿化系统分析

四季植物群落

人为本的原则，公园种植设计以植物造景为主，用高低错落的植物群落、自然起伏的地形变化以及流畅的植物色带，创造一个自然优美、层次丰富的绿色环境，形成让人亲近、回归自然的生态型综合公园。

根据公园功能分区的不同及与周边环境的关系特点，种植设计主要用观赏文化型、保健型、抗逆型、经济型 4 个不同特色植物群落来搭配。

观赏文化型植物群落。 依照风景美学的原则，用植物的体型、色彩、比例、风韵、季相变化与构成的关系形成艺术的、具有地方特色的整体美。此种类型的植物群落贯穿整个园区种植设计的始终，并且最为突出地体现在两个主要入口的设计中。主要植物有：云杉、塔柏、落叶松、糖槭、五角枫、锦带、丁香、玫瑰、连翘等。

保健型植物群落。 利用某些植物能分泌芳香和杀菌素的特性进行植物种植设计，同时在公园中给植物挂牌，以便向游人介绍不同植物的生活习性，让人们了解和爱护身边的植物，提高城市绿地的使用率。主要植物有：油松、樟子松、黄菠萝、山杏、丁香、暴马丁香、绣线菊、水蜡等。

经济型植物群落。 经济型植物群落指的是乔、灌、花、草等有经济效益的植物群落。公园本身亦需要有苗圃基地作为公园用苗的功能设施，而且可同时利用经济型苗木进行商业运作，做到以园养园，减轻政府负担。主要苗木有：黑松、桧柏、杨树、白桦、槐树、柳树、锦带、丁香、玫瑰、槭树等。

抗逆型植物群落。 由于园区位于城市中，同时考虑到公共绿地所肩负的职能，为保证园内空气的纯净指数，在进行公园改造时应考虑选择抗污染、吸附能力强、生长旺盛的植物。主要植物有：桧柏、皂荚、槐树、槭树、黄刺玫、丁香、连翘等。

9　新疆维吾尔自治区乌鲁木齐市紫金公园方案设计

◎ 中国·城市建设研究院

　　紫金公园给予我们设计团队太多太多的想象空间，在设计过程中总是面对着无穷的探索和乐趣，充分激发了我们的创作灵感。设计作品中色彩斑斓的彩带在大地上轻舞飞扬，宣泄着诗情画意的同时融会成创作主题——"大地之舞"。

　　我们设计的不只是一个公园，而是融入现代都市中的丰富多彩的生活方式，游客徜徉在其中如同游逸于诗歌音乐中，体验着生活的欢乐并得到智慧的启迪。

—— 建筑师手札

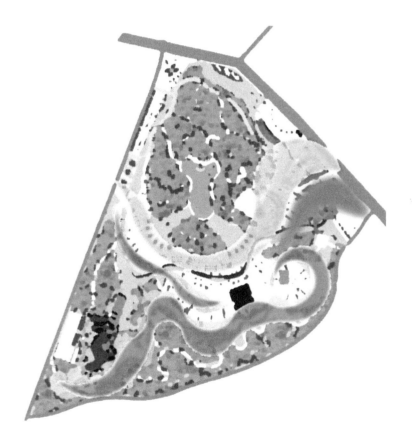

9.1　规划原则与定位

9.1.1　规划原则

（1）保护性原则

　　保护现有资源，包括植被资源、山水资源、地形条件等独一无二的现状，将其整合利用再设计，减少不必要的资金投入。

（2）复合性原则

　　结合公园在城市中的区位和在城市绿地系统中的重要性，其承载多种复合性的发展要求，不仅作为公共空间和绿地，更应成为城市发展的"推手"。

（3）生态性与时代性相结合原则

　　创造新时代充满活力的公共开放空间，保护生态基底条件，大力发挥现有山水优势，呼应城市发展要求。

景园建筑、铺地广场与特色植物的序列栽植共同形成园林艺术与舞蹈、音乐的有机结合。彩色的飘带交缠、旋转，呈现出精彩绝伦的舞姿，宛如灵动的舞者，挥舞着彩色的飘带，展现出舞蹈艺术所具有的美感，体现大地之舞这个主题思想。特色的休闲广场就蕴含在舞蹈与音乐的丛林中，感受大自然，呼吸新鲜空气，在音乐中翩翩起舞……

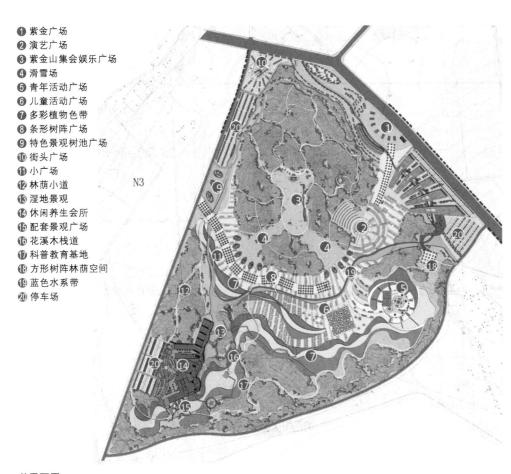

❶ 紫金广场
❷ 演艺广场
❸ 紫金山集会娱乐广场
❹ 滑雪场
❺ 青年活动广场
❻ 儿童活动广场
❼ 多彩植物色带
❽ 条形树阵广场
❾ 特色景观树池广场
❿ 街头广场
⓫ 小广场
⓬ 林荫小道
⓭ 湿地景观
⓮ 休闲养生会所
⓯ 配套景观广场
⓰ 花溪木栈道
⓱ 科普教育基地
⓲ 方形树阵林荫空间
⓳ 蓝色水系带
⓴ 停车场

N3

总平面图

紫金广场鸟瞰图

鸟瞰图

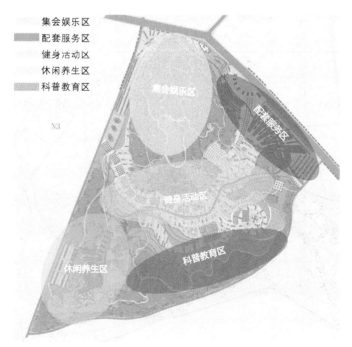

集会娱乐区
配套服务区
健身活动区
休闲养生区
科普教育区

集会娱乐区
配套服务区
健身活动区
休闲养生区
科普教育区

功区分区

9.1.2 规划定位

保护生态及原有特色资源，如湿地、紫金山顶平坦开阔的山顶草原，结合各节点中充满活力的公共活动空间，打造市级旅游休闲公园及科普教育基地，提升整个紫金城区域的品质及价值。

9.2 规划结构布局—— 一核两带多节点

9.2.1 一核

紫金山作为全区的制高点，利用现有山体进行再设计，将其顶部平缓开阔的草坪作为主要的集会活动场所，加入廊架、舞台、灯柱等景观元素，让活动的气氛更加富有情感，定义自由、浪漫、轻松的新生活。

9.2.2 两带

入口紫金广场商服带是一组商业综合配套建筑群，作为延续道路北侧商业步行街的功能带，这里将成为未来吸引游人购物、餐饮、休闲等消费的主要场所。

横向展开的游园功能带是一条舞动的景观带，是满足各类游人进行一切活动的场所，游人步行至此，就已进入了紫金公园中心位置，能一览全园，放松身心。

9.2.3 多节点

多个景观节点将公园的功能进一步扩展，专门针对特定的人群将服务进一步细分，如儿童乐园、青年广场、演艺广场、多功能会所等，让全园锦上添花。

9.3 植物种植总体规划

规划以"尊重自然,强调生态"的手法，改善土壤条件，优化自然排水，营造坡林地形，塑造独特景观。

在植物配置上，尽量多用本土植物，减少外来的入侵物种，保护本地生物的多样性。在降低成本的同时也在功

紫金广场

能适用、自然生态及体现地方特色等方面有显著成效。

紫金公园的种植规划分片区处理，包括密林植物防护区、山林植物种植区、水生植物种植区、人工景观植栽区、花卉色带种植区、生态百果种植区。着重体现整体自然生态特色，在创造和谐共生的生物群落基础上，丰富植被种类和结构体系。植物配置以功能性为主，讲求其自然不做作、不刻意造型和排布，色调却是协调统一的。局部因地制宜规划种植特色景观植物。

（1）密林植物防护：60% 针叶树 +30% 阔叶树 +10% 色叶树，重点考虑的树种为油松、樟子松、云杉、新疆杨、钻天杨、白榆、大叶榆、栾树、五角枫、火炬树。

（2）山林植物种植区：15% 针叶树 +25% 阔叶树 +40% 色叶树 +20% 开花树，重点考虑的树种为云杉、白皮松、箭杆杨、法桐、银杏、五角枫、黄栌、合欢、白玉兰、樱花。

（3）水生植物种植区：菖蒲、香蒲、旱伞草、荷花、睡莲、千屈菜、芦竹。

（4）人工景观植物种植区：整齐的树阵、剪型的绿篱，重点考虑树种为新疆杨、大叶榆、白蜡、法桐、鹅掌楸、洒金柏、金叶女贞、红叶小檗。

（5）花卉色带种植区：鸢尾、二月兰、大花萱草、八宝景天、地被菊等一二年生和多年生宿根类花卉，以及金叶女贞、红叶小檗等色带植物合理搭配种植。

（6）百果生态种植区：山桃、山杏、山楂、苹果、葡萄、海棠，春季赏花、秋季观果。

9.4 公共设施规划

本方案主要公建设置在非采空区，采空区的服务设施以服务车为主，没有固定建筑。

9.4.1 规划原则

（1）安全性原则：公共设施是人与自然直接对话的道具，人在公共场所与设施直接发生关系，所以，安全问题尤为重要，是我们进行公共设施设计的基本原则。

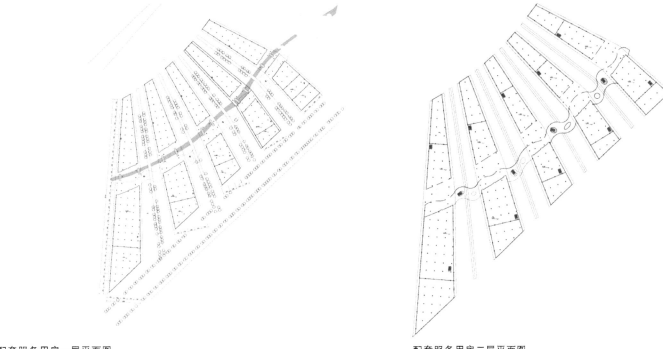

配套服务用房一层平面图　　　　　　　　　　　　　　　　　　配套服务用房二层平面图

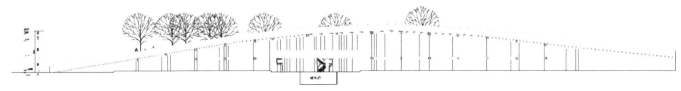

剖面图

立面图

儿童乐园景观意向

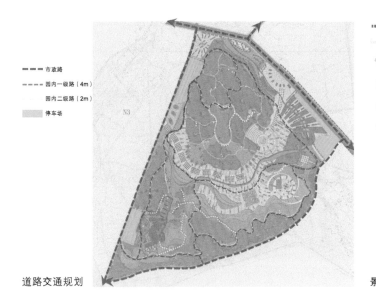

市政路
园内一级路（4m）
园内二级路（2m）
停车场

道路交通规划

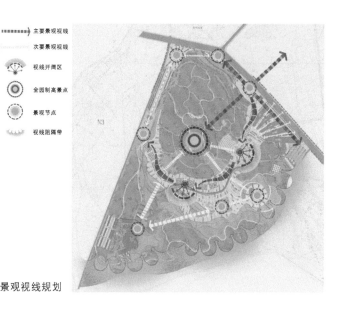

主要景观视线
次要景观视线
视线开阔区
全园制高景点
景观节点
视线阻隔带

景观视线规划

（2）功能性原则：公共设施要具备便于识别、便于操作、便于清洁三个方面的功能。

（3）人性化原则：人性化的公共设施设计是超越人体工程学、尺度和舒适度等一般意义，超越设计流派、审美意识集约而成的综合设计理念，是一种更贴近人性需求、更注重情感的设计意识。

（4）环境协调性原则：城市公共设施是构成城市环境的部分，它不是孤立于环境而存在的，也不同于单纯的产品设计，我们力图使它与周边环境紧密地融为一体。

9.4.2 设施数量

市、区级公园游人人均占有公园面积以 $60m^2$ 为宜，整个公园的游客容量为 2 万人。

（1）按照游人容量 2% 设置厕所蹲位，应设置约 400 个蹲位（包含小便斗位数），按照一个厕所含 15 个蹲位计算，应设置厕所 27 处。包括部分公共设施和商业设施（会所、游客中心、酒吧、咖啡店等）内的厕所。

（2）座椅数量应按游人容量的 20%～30% 设置，但平均每 $1hm^2$ 陆地面积上的座位数最低不得少于 20，

最高不得超过 150。

（3）按照一般性城市公园停车位指标（每 $100m^2$ 0.02 辆机动车，0.2 辆自行车）计算，应停放机动车 240 辆、自行车 2400 辆。本设计考虑到公园内部商业设施以及附近小区商业的需求，设计停车场 3 处，室外停车总共 1395 辆；自行车存车处 5 处，共计停放 2400 辆。

9.5 灯光照明规划

9.5.1 道路照明

道路照明应根据道路性质和宽度的不同，采用不同的亮度标准和灯杆高度。

根据不同的道路级别，路灯灯泡的高度应距地面 6～9m。

路灯、单杠和附属装置应相互匹配，建议选用白色、深褐色或黑色，后两种颜色易于和树木颜色融为一体。

主要道路的灯杆上宜装置临时的基座，以布置节日的彩带和公告。

9.5.2　节点广场和绿化照明

节点广场和绿地的照明设计，应考虑尺度宜人，形式与周围建筑及环境相协调，可采用杆灯、桩灯和绿化灯等。

尽可能使用白炽灯作为灯光颜色。

较大型的广场宜用高杆灯和装饰性强的杆灯组合，成为点缀广场、围合或划分广场空间的艺术构件。

广场照明亮度和照明控制要考虑平时和节日的不同要求。

小广场、草坪应选用杆灯照明，其高度在 2~3m，亮度不小于 0.5m 尺度烛光。

绿化地带的照明灯杆可选用白色、深褐色或黑色，以达到和绿化融为一体及形成对比效果。

小范围的铺砌地面、礼仪性的场所，如停车区和建筑入口宜采用桩灯。桩灯的高度应为 1m，内有反光镜，将灯光反射于地面。

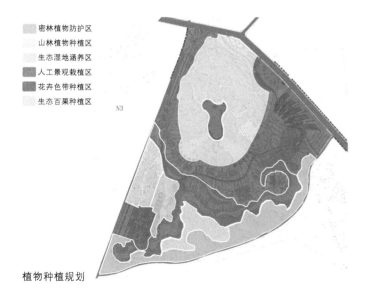

密林植物防护区
山林植物种植区
生态湿地涵养区
人工景观栽植区
花卉色带种植区
生态百果种植区

N3

植物种植规划

9.6　生态照明技术

9.6.1　设计原则

照明设计不仅要满足照明的本质要求——创造高质量的照明环境，同时，这一人造的光环境对周围物理环境的影响应该是最小的。

9.6.2　基本措施

（1）控制照度水平

由于各种动植物对于照度水平具有不同敏感度，环境的照度水平应控制在 5lx 左右，此时环境照度水平能满足游人需求且对于各类动物、植物生活习性的影响是最小的。

（2）节能光源的选择

效率高、寿命长、安全和性能稳定的光源是生态照明中的重要内容，LED、双端金卤灯能达到上述需求。

（3）高效灯具的选择：ERCO 灯具

灯具表面温度的控制十分重要。持续使用 ERCO 灯具达 3 个小时，玻璃表面温度变化较小，手触基本感觉不到温度变化，各种小飞虫甚至叮在灯具表面纹丝不动。

（4）供电能源选择：太阳能电池

太阳能电池作为绿色能源的载体目前正在全球范围内流行开，且在未来将成为世界照明能源发展的趋势。

（5）照明智能控制：光照时间与周期

光周期现象中的光照长度效应，不仅影响到花芽分化和开花时间，还影响到落叶、休眠、色素的形成以及地下贮藏器官的生长。光周期反应与控制植物生活周期的过程有关，可以说，它是发育生理学的基础。

（6）照明光谱成分

不同波段的光对植物的光合作用影响是不一样的。不同绿色植物对光的吸收光谱基本相同，在可见区主要集中在 400 ~ 460nm 的蓝紫区和 600 ~ 700nm 的红橙区。

10　北京市清华东路带状公园景观设计

◎ 北京市海淀区园林工程设计所

清华东路位于学院路地区，西起双清路，东至八达岭高速，贯穿学院路。道路东西两侧连接的城铁 13 号线及八达岭高速分别是京城北部最重要的轨道及公路动脉。而学院路本身作为城市主干道的同时也是京城标志性的著名街道，浓郁的学院氛围自然是场地特色之一。

10.1　现状分析

带状公园全长 2600m，学院路将其划分为学院路东、西两段。此次道路改扩是在原有老路基础上向北拓展，原有道路南侧绿地及行道树基本得以保留，其中学院路以西绿地较宽为 30 ～ 33m，面积 4.39hm²，以东较窄为 14 ～ 22m，面积 2.91hm²。绿地总面积约 7.3hm²。原有行道树被保留在市政路中心隔离带及南侧分车带。公园服务区域涵盖北京林业大学、中国矿业大学、北京语言大学等多所高校及东王庄等人口密集的居住区。

10.2　设计策略

经过对地块及周边的用地性质和使用情况详细的调查分析，确定了"将自然引入城市，打造绿色长廊，充分体现城市道路绿化带的生态、防护、安全、美化的功能，并满足周边居民的休闲娱乐健身活动"为本案的设计目标。

10.2.1　设计创意

（1）自然的感觉、流动的空间

针对现状特点：绿地位于道路南侧逆光区，现状大

清华东路带状公园区位图

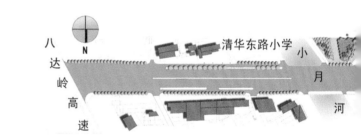

清华东路带状公园东段平面图

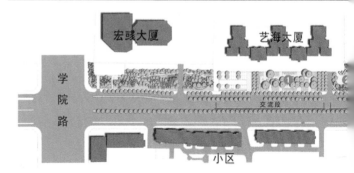

清华东路带状公园全长 2600m，以学院路为界，分为东、西两段。其中学院路以西绿地较宽为 30 ～ 33m，面积 4.39hm²，以东较窄为 14 ～ 22m，面积 2.91hm²，绿地总面积约 7.3hm²。

清华东路带状公园西段平面图

学院路东段总长约1km，现状优、劣势比较：

序号	优势	劣势
1	绿地南侧现状大树整齐并相对完整，已形成了统一、大气的绿化背景	绿地较窄，仅为14～22m
2	学院路路口以东150m范围内绿地宽度为33m	学院路路口原有绿地宽30m，目前为小游园式的设计，与城市界面的景观不协调
3	绿地北侧采光条件较好	树种单一、缺少景观层次

学院路西段总长约1.2km，现状优、劣势比较：

序号	优势	劣势
1	全线绿地较宽，30～33m	由于周边的发展，绿地局部存在被侵蚀、占用的情况，完整性及连续性受到破坏
2	已存在部分活动场地	林间道路、场地简陋、老化，已不能满足周边人的使用
3	原有片林基本得以保留，大树成荫	早期片林树种单一，缺少景观层次及空间围合
4	自西向东的市政路依托原有大树，绿化空间较好	道路南侧绿化带景观效果较差

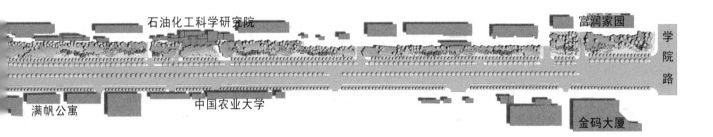

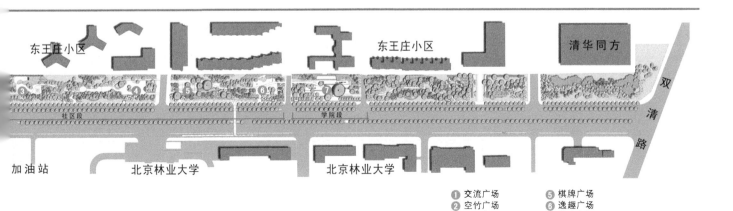

① 交流广场　⑤ 棋牌广场
② 空竹广场　⑥ 逸趣广场
③ 童趣广场　⑦ 学院广场
④ 健身广场

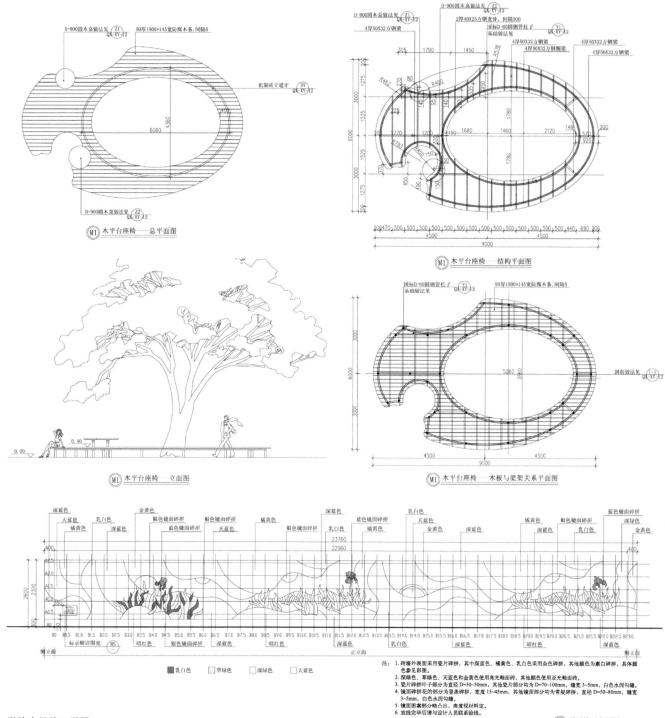

D-800圆木桌做法见 Z1 QX-XY-12   50厚1500×145宽防腐木条,间隔5

机制砖立道牙 DY QX-XY-12

6060   4360

D-900钢木桌做法见 Z2 QX-XY-12

M1 木平台座椅——总平面图

D-800圆木桌做法见 Z1 QX-XY-12   D-900圆木桌做法见 Z1 QX-XY-12

2厚40X25方钢龙骨,间隔500
4厚50X32方钢梁   国标D-60圆钢管柱子 基础做法见 QX-Y1-12

4厚50X32方钢梁   4厚50X32方钢梁

4厚50X32方钢梁   4厚50X32方钢梁

M1 木平台座椅——结构平面图

M1 木平台座椅——立面图

0.00   0.40

国标D-60圆钢管柱子 基础做法见 QX-XY-12   50厚1500×145宽防腐木条,间隔5

侧面做法见 QX-XY-12

M1 木平台座椅——木板与梁架关系平面图

学院广场施工详图

乳白色   草绿色   深绿色   天蓝色

注:1.砖墙外表面采用瓷片碎拼,其中深蓝色、橘黄色、乳白色采用杂色碎拼,其他颜色为素白碎拼,具体颜色参见彩图。
2.深绿色、草绿色、天蓝色和金黄色使用亮色釉面砖,其他颜色使用亚光釉面砖。
3.瓷片碎拼叶子部分为直径D=30~50mm,其他部分均为D=70~100mm,缝宽3~5mm,白色水泥勾缝。
4.镜面碎拼花的部分为竖条碎拼,宽度15~45mm,其他镜面部分均为常规碎拼,直径D=50~80mm,缝宽3~5mm,白色水泥勾缝。
5.镜面图案部分略凸出,高度视材料定。
6.放线完毕后请与设计人员联系验线。

TA 景观墙正立面图

树多，绿地内的郁闭度较高，不适宜采用林下复层种植，因此形成带状绿地内部林下空间的通透性高、空间连续性强的特点。设计以流动的主园路贯通西段绿地，连接各个功能不同的场地。在林间蜿蜒的园路带给空间流动的特点，绿色长廊中不同的场地空间、色彩鲜艳的花卉、充满趣味和亲和力的景观小品形成丰富的变化。置身其中，感受城市中的自然、生态，体会场地的交叉、错位与空间的丰富变化。

（2）城市绿化带的季相特色——连续的绿线、四季的变化

首先将被侵占的绿地尽可能地恢复绿化，以保持整条道路连续的绿线。此外，因道路为奥运比赛场馆的连接线，所以种植设计突出夏季的植物景观，形成夏荫、夏花的特色。局部区域增加常绿树、色叶乔木及花灌木，增加生态效益的同时丰富城市界面的色彩，突出四季变化。

（3）城市界面的景观节奏——以绿色为基调和造型手段，采用开敞与郁闭的空间节奏变换，形成道路沿线的不同特征

作为城市道路绿化带，在面向市政路的界面重点考虑机动车中快速通过时观赏者的视觉感受。现场保留的大树形成了高大、整齐的绿色背景，设计在林缘处增加复层绿化，丰富植物层次、品种及色彩。同时，以200m为平均间距，采用多层次错落的绿篱，结合色彩鲜艳的花卉形成造型绿化的节点，通过不断地重复出现形成节奏给人留下深刻的印象。在适当的位置设计面对城市界面的开放空间，形成整个城市及道路的景观开合节奏。

10.2.2 节点设计

在场地空间的分析与利用上，规划为三点两段的景观构架。三点分别为西侧双清路及城铁节点、学院路节点、道路东侧小月河节点三个入口节点，节点强调密植及复层的方式与特色植物，营造生态、绿色的入口形象。

而两段则是以学院路为界把绿地划分为东西两段：

西段绿地具有利用场地较宽、连续性好、适宜林下活动的特点，自西向东依次布置"学院"、"社区"、"交流"三个段落，展开表现设计主题。

东段绿地宽度较窄，以道路绿化的生态、防护、美化功能为主。强调绿带的连续性和完善性，主要以植物造景丰富道路景观的层次。

西段绿地三个段落空间详细分析：

（1）学院段——学院广场

带状公园学院段主题空间正对北京林业大学的主要人行出入口。根据空间开合的总体规划，学院广场作为清华东路带状公园的开放空间之一，主要考虑结合沿街景观，创造丰富的立面效果。并由于地块紧邻林业大学和成教学院，故以突出学院特色为设计重点。

以学生平时学习、生活、休闲需求为切入点营造场地气氛，同时结合现状大树围合空间，整体划分为静—动—静三个小空间以满足不同功能的需求。

在现有大树下设计带木桌的围树平台座椅提供学习和休息的场地，可以随意推拉组合的移动座椅给予使用者以交流、活动的更多的选择余地，使场地显得更自由、更有趣味性和参与性。用"晴天—阴天"为主题的人形雕塑，表现曾在校园中发生的那些关于爱情、关于忧愁、关于大学的一切记忆。

（2）社区段

带状公园社区段分别位于东王庄小区东西两侧，分为两个地块。因其现状林木繁茂，附近居民常聚集在此开展各种健身活动，据此将该段落定位为以满足周边社区居民健身、休憩需求为主要功能的空间。依据两个地块的现状条件和周边环境，在功能设计上动静结合，具体分为安静休息段和健身运动段。

1）安静休息段：位于东王庄小区主入口西侧，自西向东依次布置逸趣广场与棋牌广场。此地块是带状公园中的缓冲区域，给经过学院广场或健身广场、童趣广场的人群提供一个放松休息的空间。

① 逸趣广场：主要利用现状大树形成林荫空间，在其周围布置挡墙座椅及艺术性的弧形座椅。以种植芳香

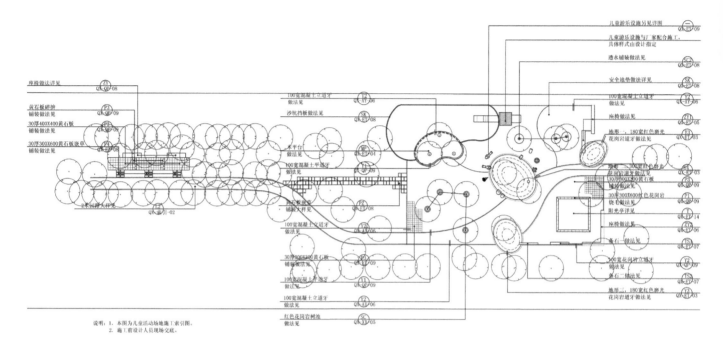

童趣广场平面图

植物、宿根花卉和观赏草为主，形成特色植物观赏区，为人提供享受宁静、放松休闲的空间环境。

② 棋牌广场：位于东王庄小区主入口西侧，紧邻小区，方便居民出入其中并进行相应的活动。广场内东西两侧分别为牌、棋的表现主题，设计有扑克牌造型的雕塑及棋类的残局等小品，增加整个场地的趣味性和参与性。

2）健身运动段：位于东王庄小区主入口东侧，地块靠近清华东路南北两侧的小区，方便周边人员进入公园进行各种休闲活动。依据林带的苗木现状结合总体设计的节奏控制，自西向东分别设计了健身广场、童趣广场、空竹广场。

① 健身广场：主要是便于周边居民开展集中活动的林下开敞空间，该空间保留并利用现状大树围合空间，

采用相对活泼自由的空间布局手法。广场设置了小型舞场、表演舞台、健身设施及景廊。铺装采用彩色广场砖铺设的螺旋形式，以不规则的弧形座椅与多层次的种植形式，烘托活泼、热烈的空间气氛。景廊设计为彩色玻璃的钢架结构，阳光透过玻璃投下色彩斑斓的阴影，树影婆娑地舞于其上，给空间平添了几分情趣。

② 童趣广场以满足中、低龄儿童的游戏需求和增加空间的趣味性为设计出发点，并利用现状大树和地形形成一处相对围合的活动空间，椭圆的地形和波浪形的座椅、沙坑、弹性地垫及宽大的木平台增添了空间的趣味性。以多种可爱的动物形象，营造了"森林Party"的热烈气氛，它们将是孩子的最好玩伴。

③ 空竹广场：场地原有周边部分居民在绿地自发开

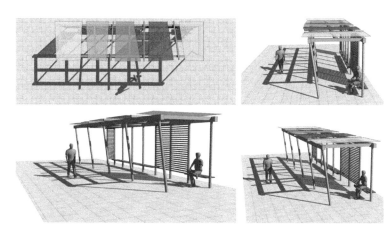

健身广场廊架

休息棋牌效果

道路景观：节点

道路景观：学院路以东

道路景观：学院路以东

道路景观：学院路以东

道路景观："老树新花"

❶ 学院广场　　❷ 道路景观

学院广场："对话"

学院广场："孤独"

学院广场："自由组合"

学院广场：木平台

学院广场：内部空间

"花园里的春天"：夜景

学院广场：夜景

展抖空竹的健身活动，为给他们提供更开阔、进出更便捷的场地，在小区出入口附近设计了空竹广场，以满足他们的活动需求。同时考虑道路景观与安全问题，利用植物种植对广场进行了有效的隔离。

（3）交流段——交流广场

以简洁的手法和强调功能为主，完好地保护和利用了现状树。按照带状公园总体设计，该段为一个开放的"城市"空间界面，面向道路打开空间，与其他通过植物遮挡活动场地的段落相区别。本处地块的空间划分依据是现状保留下来的大树，反而比规整的空间布置增添了不

少趣味。林下空间主次分明，疏密有序，大量的林下休息设施为各类人员的休息交流提供了方便与可能。

10.2.3 种植设计

（1）种植规划原则

恢复学院路的历史记忆，学院路从1950年代起就有防护林带，因道路变宽使其改变，但仍然是以乔木为主的风景林，还应保留并强调其生态功能。

（2）种植设计

绿地北侧邻城市主干道清华东路，在现有行道树白

童趣广场全景　　交流广场：内部空间　　交流广场：道路界面　　空竹广场：弹性铺装

童趣广场："崭露头角"

① 交流广场　③ 童趣广场
② 空竹广场　④ 健身广场

童趣广场："阳光亭"　　　　　　　　　　　　　　　　健身广场："炫色舞场"　　健身广场：廊架及设施

童趣广场："森林Party"　童趣广场："舞间小憩"　童趣广场：祖孙同乐　童趣广场："偕行花海"　健身广场：休息设施

蜡的基础上，在南侧步道上继续种植白蜡，3 行白蜡形成秋景林的效果，保持、提升、强化大树秋色的历史特征；沿道路一侧 10m 宽度增加常绿树、花灌木、奥运花卉，丰富街景。

绿地中的大树基本保留，作为整个绿地的生态背景及观赏林，并根据功能、场地的不同添加树种形成各具特色的植物景观；南侧根据公建和居住区的不同需求，形成景观透视线和绿化防护遮挡；东西入口林带恢复秋景林，突出"林"，中段以保留现状树木为主。

10.3 施工体会

现状林带的植被为设计提供了良好的植物背景，但同时也限制了设计的天马行空。园路与场地的布置必须围绕现状树设计、调整，因此场地的测绘显得尤为重要。其次，施工程序的合理安排，可以避免设计、经费等方面的浪费。在多家施工单位参与的情况下，在业主的协助下提前统一材料、作法，以避免出现各地块的风格差异。此外，在运用新材料时，提前与材料供应商沟通、洽商，尤其是一些室内装饰材料在室外环境使用，安全性是设计考虑的首位。

（注：本设计获 2008 年北京市优秀园林设计二等奖）

逸趣广场：弧形座椅　　逸趣广场：林下座凳　　逸趣广场　　逸趣广场："逸草闲花"

棋牌广场：东入口

❶ 棋牌广场　❷ 逸趣广场

棋牌广场："挑战残局"　　棋牌广场："花团锦簇"　　棋牌广场：休息座椅　　棋牌广场："对决"

11　上海市南汇区老港镇绿地公园设计

◎ 周燕设计工作室

11.1　基地分析

老港镇绿地公园位于上海市南汇区中港镇沪南公路旁，基地面积约 3.5 万 m²。其位置在区域、城市和地方三个层面上都具有很大的优越性和重要性。

（1）区域层面。上海在长三角经济发展中扮演着重要的角色，地处"两港"之间的老港，具有独特的优势，沪南公路是进出临港新城的重要交通干线。老港镇绿地公园坐落于沪南公路旁，自然成为南汇的形象窗口之一。

（2）城市层面。老港镇绿地公园是上海南汇 2008 年全力推进"一镇一园"建设的八座公园之一，它的建设是南汇构建中国国家卫生镇，成为上海郊区天然"氧吧"的项目之一。

（3）地方层面。老港镇绿地公园是老港镇历史上第一个公园，选址于镇中心南、沪南公路旁，它的建设在某种程度上代表了老港镇的形象，是对老港镇历史文脉的体现和传承。

老港镇历来是南汇的蔬菜基地和粮油基地，淳朴的民风和吃苦耐劳的精神赋予了这块土块不同的内涵。公园位于老港镇镇中心，它的建设将为当地百姓提供一个大型的生态休闲场所，使郊区的百姓也能享受到"逛公园"的乐趣。

11.2　设计驱动力

11.2.1　设计支持要素

要做一个成功的公园设计必须遵循几个原则，其中包括基地现状特征以及怎样去反映这些特征，应进行背景研究，比如类似成功案例与当地情况相契合的方面。这些支持要素在设计中反映出来，才能使设计是完善的而不是牵强附会的。所有这些支持设计的要素不仅需要在设计中逐一考虑，并且要成为公园建设的一部分。这样的公园才能实现经济、社会、生态上的可持续发展。

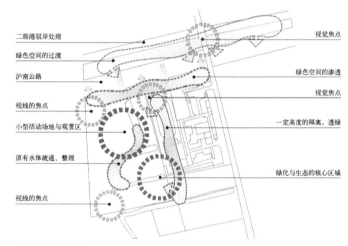

综合分析与构想

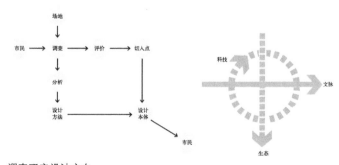

调查研究设计方向

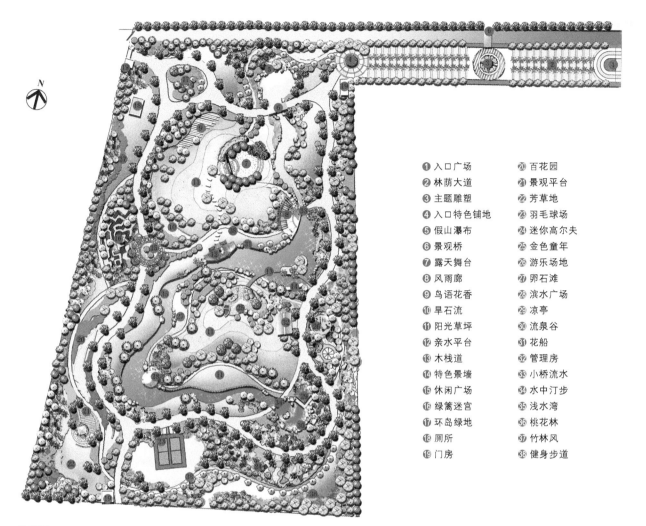

平面图

❶ 入口广场	⑳ 百花园
❷ 林荫大道	㉑ 景观平台
❸ 主题雕塑	㉒ 芳草地
❹ 入口特色铺地	㉓ 羽毛球场
❺ 假山瀑布	㉔ 迷你高尔夫
❻ 景观桥	㉕ 金色童年
❼ 露天舞台	㉖ 游乐场地
❽ 风雨廊	㉗ 卵石滩
❾ 鸟语花香	㉘ 滨水广场
❿ 旱石流	㉙ 凉亭
⓫ 阳光草坪	㉚ 流泉谷
⓬ 亲水平台	㉛ 花船
⓭ 木栈道	㉜ 管理房
⓮ 特色景墙	㉝ 小桥流水
⓯ 休闲广场	㉞ 水中汀步
⓰ 绿篱迷宫	㉟ 浅水湾
⓱ 环岛绿地	㊱ 桃花林
⓲ 厕所	㊲ 竹林风
⓳ 门房	㊳ 健身步道

11.2.2 设计驱动元素

在设计过程中，通过研究当地的历史、人文、发展，进行现场分析并考虑外部环境的影响来确定设计驱动力，这些设计驱动力元素是：

（1）以人为本，服务于民

公园的使用者是普通的市民，因此功能的设置和布局的构思也要围绕以人为本的想法展开，关注人的生活，从设计做起。

（2）活动

公园在它的服务半径内为广大群众服务，解决周边缺少的活动设施和场地问题，满足人民日益增加的文化和精神生活需求。

（3）可持续发展

当今世界，可持续发展变得越来越重要。本案的公园应该成为当地可持续发展的代表。

老港镇绿地公园的建设，不仅是当地的形象窗口，在某种程度上更是当地历史文脉的体现与传承，也是百姓生

① 园路小径
② 亲水木平台
③ 入口花坛
④ 休息园椅
⑤ 入口小广场
⑥ 阶梯花坛
⑦ 植物造景
⑧ 圆形花坛
⑨ 入口小广场
⑩ 景墙
⑪ 植物小景

五百米平面图

活飞跃的象征之一。所以，老港镇绿地公园的设计必须挖掘当地最具代表性的元素，满足最广大百姓的生活需求。

（4）最具代表性的元素

宁静、自然的"农家生活"。

辛苦、繁重的"田间劳作"。

欢快、甜蜜的"收获采摘"。

（5）满足最广大百姓的需求的元素

提供开展户外活动的场所。

提供辛苦劳作后的休息。

提供孩子认知自然的机会。

11.3　设计原则

（1）生态景观为主，文化休闲为辅。

（2）突出中港的人文底蕴。

（3）适当运用新技术与新材料，用科学的方法保证植物群落的健康繁衍，注重可持续发展。

11.4　设计分区

11.4.1　健身休闲区

位于公园主入口相对的部位，由广场和大型疏林草地组成，是人流最为集中的地方，设置文化园、健身广场等景点，放置各类体育设施、文化娱乐用品，形成健身休闲区，人们可以自由地沟通、交流，使其成为人与人交流的场所。

11.4.2　儿童游乐区

位于公园中心部位，主要布置各种非电动式的木质

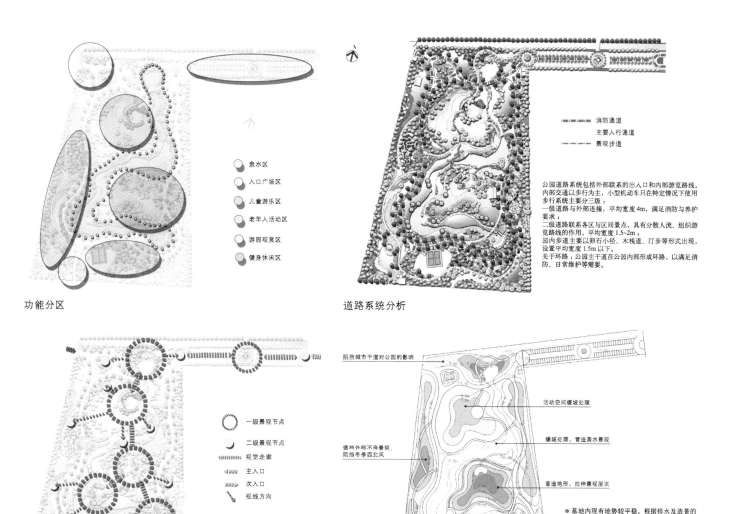

功能分区

道路系统分析

公园道路系统包括外部联系的出入口和内部游览路线。内部交通主要以步行为主，小型机动车只在特定情况下使用步行系统主要分三级：
一级道路与外部连接，平均宽度 4m，满足消防与养护要求；
二级道路联系各区与区间景点，具有分散人流、组织游览路线的作用，平均宽度 1.5~2m；
园内步道主要以卵石小径、木栈道、汀步等形式出现，设置平均宽度 1.5m 以下。
关于环路：公园主干道在公园内部形成环路，以满足消防、日常维护等需要。

景观节点分析

一级景观节点

二级景观节点

视觉走廊

主入口

次入口

视线方向

竖向分析

阻挡城市干道对公园的影响

活动空间缓坡处理

遮挡外围不良景观阻挡冬季西北风

缓坡处理，营造亲水景观

营造地形，拉伸景观层次

营造地形，提升景观品质

● 基地内现有地势较平稳。根据排水及造景的需要，将原有水系调整挖出的土方进行地形营造，改造后使全园地形呈自然起伏，高低交错，避免了园地平坦无奇。场地总体地形为东低西高，雨水排放到水系中，场地整体向水中倾斜。

玩具(如跷跷板、秋千、攀登架、滚筒等)和沙坑等，建筑小品形象生动、色彩艳丽，并富趣味性。园内通过各种植物修剪成的趣味墙、花迷宫、花带，尤其是十二生肖植物趣味造型，把游艺和花卉植物融为一体，强化儿童游乐区的突出地位。同时，用现代的设计手法给人以全新的视觉冲击和空间体验。其间还采用密林设计，可以让带孩子来的家长或是爷爷奶奶们休息、看孩子。

11.4.3　亲水区

将公园原有三段水系连通成曲折有致的水体。并设有桥、岛、模拟码头等，形成各种形态的水景和植物景观，满足划船、钓鱼、探险、野餐、烧烤和湿地景观观赏等多种需求。结合水面设置趣味桥、游艺桥、水中活动汀步以及攀缘墙等设施。给人们提供一个集冒险和趣味于

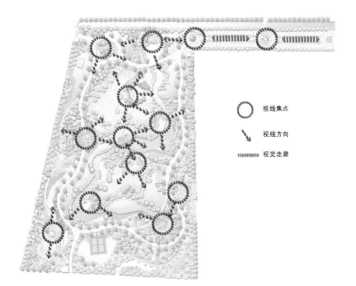

视线分析

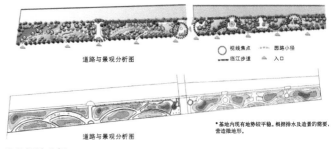

道路与景观分析图 ○ 视线焦点 ▣ 围墙小径

━━━ 临江步道 ▲ 入口

道路与景观分析图

*基地内现有地势较平稳，根据排水及造景的需要，营造微地形。

公共绿地分析

○ 视线焦点

↘ 视线方向

〜〜〜 视觉走廊

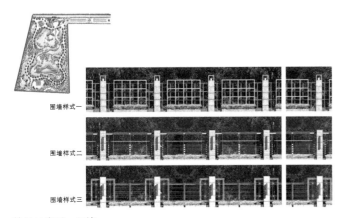

围墙样式一

围墙样式二

围墙样式三

效果示意图：围墙

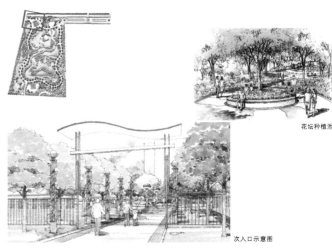

花坛种植池

次入口示意图

效果示意图：次入口

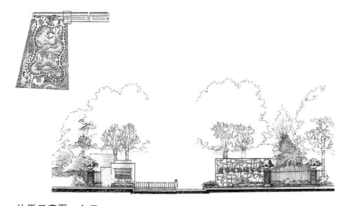

效果示意图：入口

绿化效果示意图

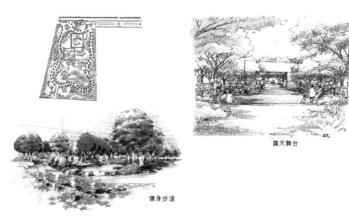

效果示意图：露天舞台及健身步道

露天舞台

健身步道

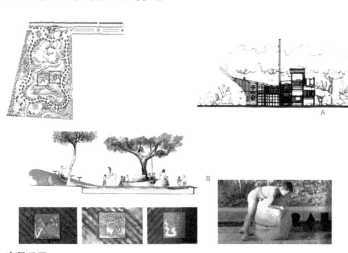

A

B

亲子乐园

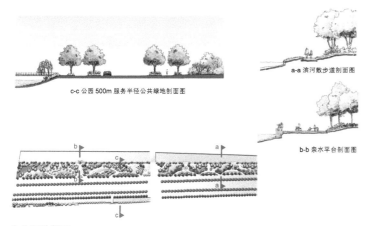

c-c 公园 500m 服务半径公共绿地剖面图

a-a 滨河散步道剖面图

b-b 亲水平台剖面图

公共绿地剖面

一体的活动场所。每当有人参与时，都会有不少游人驻足观看，加油助威。此外以带状流线形式种植各种水生或湿生花卉，如荷花、睡莲、蒲棒、芦苇、千屈菜等，并设简朴自然的赏花台。水中设木质栈桥穿越花丛，给游人提供一条亲近自然、融入花海的通道，既可远观，又可近赏。

11.4.4　游园观赏区

在公园的南部，适当营造地形，进行林地群落结构的布置。在主要园路两侧及景点周围的林下，配植较为丰富的花灌木、地被植物，形成良好的地面覆盖。通过种植、培育，营造较为完整的人工园林植物群落，形成丰富的季相色彩、优美的林冠造型以及具有稳定生态结构和良好生态功能的人工植被。同时沿园路，开辟视线走廊，形成部分开敞空间，补充观赏价值高的园路树；在路口，布置色叶、观花或造型树丛，形成敞幽相间、步移景移的园路空间景观。

11.5　种植设计

植物选择以本地的地带性植物为主体。地带性植物最适合上海的气候和土壤，易成活，生长佳，构成的植物生态群落也最符合上海绿化景观的特点特征。同时，适当地引进一些域外植物，丰富植物群落景观，体现植物多样性。植物中乔木比例占 60%～70%，构成生态公园的主体。

春景秋色特色景观——上海城市绿地正在从增加绿地面积发展到提高城市绿化景观质量的阶段，提出了以春景秋色作为城市绿化特点的方略。公园在这方面必须起到示范和引导作用。公园外围的植物配置体现春景秋色的景观，以观赏为主、市民参与为辅（基本不采取进入方式），确保安全，配置秋景树（悬铃木、榉树、无患子等）形成特色的林荫带，同时春季时节，园内的春色可以渗透形成背景。公园内部则形成多处体现春、夏、秋景色的特色植物观赏区，如榉树林、卫矛林、白玉兰林、银杏林、合欢林、山麻杆林、樱花林、青枫林等。

植物生态保健——力求为周边居民创造良好的健身强体场所。现代上海人注重晨练和体育锻炼，因此在公园体健锻炼区域建立"五行"保健植物区，配合体育健身主题。五行学说是中国古代的哲学思想，在植物配置上根据阴阳五行，对应人体的五脏，建立有一定舒缓作用的植物生态保健区，选择银杏、杏、枸骨、南天竹、女贞、杜仲、丝绵木、肉桂、桑、桂花、罗汉松、山茶、八仙花、火棘、枣等对人体有益的植物进行合理配置，以期营造和改善健身区的生态环境，使人情绪平和，身心健康。

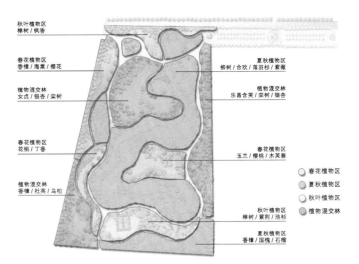

植物景观分布

湿地净化

鸟瞰图

12　北京市朝阳区栖鹭公园
——晴翠园北侧代征绿地总体设计

◎ 中国·城市建设研究院

12.1　现状条件

本项目位于北京市朝阳区金盏乡晴翠园别墅区北侧，紧邻温榆河老河湾，处于温榆河百米绿化带中，周边自然条件优越。设计范围为长约500m、宽约140m的空地，范围内沿边界有一定数量的成荫树，场地中央植物相对较少。场地内除西端地势较高，其他地方地势较平坦。

12.2　主题创意

围绕临空经济带周边住宅区域的价值取向和休闲特征，秉承营造"生态休闲公园"总体设计理念。根据区域特点，追求"绿化防护"和"生态休闲"特点。使公园起到了既保护老河湾河滩，恢复河岸野生动物天然栖息地的生态作用，又能满足周边居民休闲活动的要求。

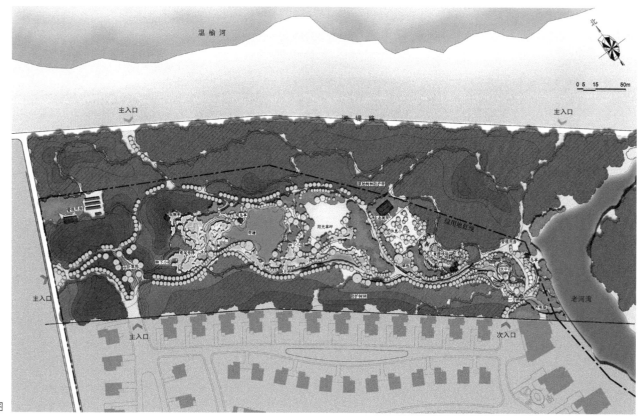

总平面图

12.3 功能布局

公园总体风格为自然郊野公园，同时结合当代环境生态的理论进行合理布局。以地形变化丰富的绿地形态完成绿化景观的整合，利用丰富的植物群落配置，构建"生长在生态走廊中的生态休闲公园"。绿化防护和休闲内容作为主体。利用地形和设施，尽可能地收集园区及周边雨水并结合中水管网进行再利用。

根据场地的形状及周边的现状用地，将公园划分为两大主题，即西北部以山形水系为主的观赏区域和东南部以湿地体验为主的活动区域。根据不同的使用功能，全园可划分出 7 个功能区：入口区、生态防护区、生态休闲区、主题景观观赏、阳光草坪休闲区、健身游憩区、生态展示区。

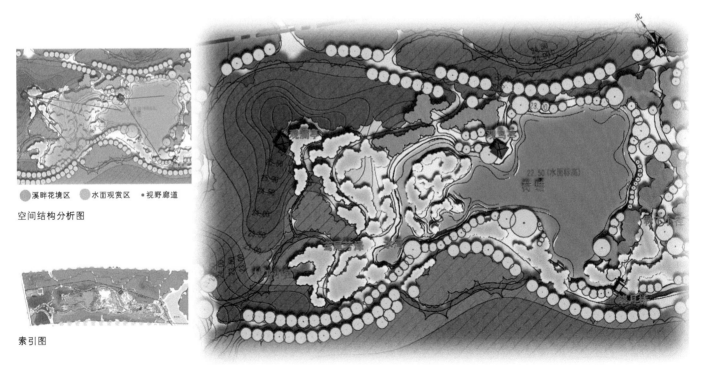

功能分区图

● 溪畔花境区　　水面观赏区　● 视野廊道

空间结构分析图

索引图

局部详图 a 观赏水池

12.3.1　入口区

设在公园西门，依据已经建设好的现状，分为进入公园和进入居住区两条主要的交通流线，起到疏散人流、组织交通的作用。通过机动交通和人行路线的分流设计以及无障碍设计，保证公园人流的安全疏散。

12.3.2　生态防护区

园区北侧现状有大片的原始树林，是防护绿地；南侧紧邻居住区，应设置防护林带隔离公园对住宅的干扰。规划通过微地形和植物群落配置，减少噪声干扰，为公园营造良好的自然环境。

12.3.3　生态休闲区

位于公园西北部，由疏林草地、水畔花境、台阶草坪、休息亭等部分构成。

丰富的缓坡地形是这个区域的主要特点。主要通过山丘的起伏配合植物造景，形成纵深观景视线。休息亭可向西俯瞰睡莲池塘。疏林草地由此向东南展开，河湾溪畔采用缀花草地的形式，形成绚丽多姿的自然风光。

水面西侧堆置几个自然形态的小岛，形成自然的河湾和岛屿，为水禽等动物提供一块栖息地。

12.3.4　主题景观观赏区

位于园区中心湖面区域，是季节性池塘，池中种植睡莲，河岸边环绕垂柳、水杉、五角枫等水畔植物，为游人提供一片视野开敞、风光绮丽的自然风景。水边设置一个观鸟亭，可以既不干扰水鸟又为游人提供观察水生动物的休息亭。池塘东端的狭窄处设置一座小拱桥，连接水边小径，形成环状的林间水畔游览系统。

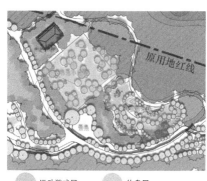

　　● 运动游戏区　　　● 休息区

空间结构分析图

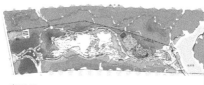

索引图

局部详图 b 活动场地

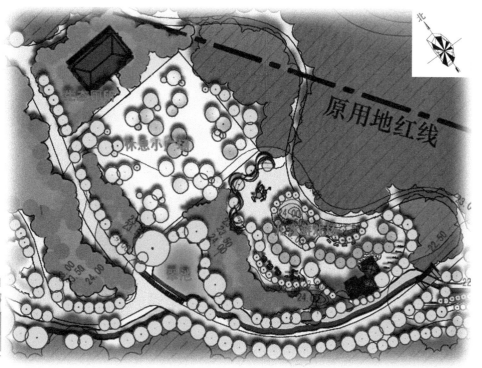

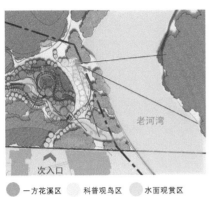

● 一方花溪区　　 科普观鸟区　　 水面观赏区

• 视野廊道

空间结构分析图

索引图

局部详图 c 老河湾观鸟点

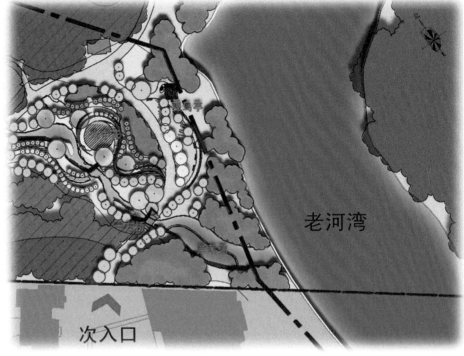

老河湾

次入口

建成实景照片

建成实景照片

12.3.5 阳光草坪休闲区

本区位于园区的中东部，由草坪区、溪畔花境和清澈的溪流构成。

草坪区的功能以观赏草坪为主，游客可进行日光浴、野餐等活动。溪畔花境两侧以花灌木结合多年生宿根草本花卉构成带状花境，围绕溪流两岸种植水毛茛、红蓼、千屈菜等湿地植物，形成一幅"明月松间照，清泉石上流"的雅致景象。

12.3.6 健身游憩区

该区由儿童游戏场、休息小广场和翠池组成。休息小广场为成年人提供休闲活动场地，而且紧邻儿童游戏场，方便家长带儿童来园区锻炼游憩使用。儿童活动区结合地形和溪流，方便儿童戏水玩乐。场地中设置展示讲解牌，以寓教于乐的方式让青少年儿童了解和体验湿地相关知识。

12.3.7 生态展示区

位于园区东端，紧邻老河湾湿地，规划河湾两岸20m范围内属于生态保护范围，重点保护原始植被，老河湾的生态保护工作包括恢复河岸天然栖息地与天然生态系统。

在空地栽植乡土植物形成良好的河湾景观。由于河湾现状有许多水鸟栖息，在落叶林中设置观鸟亭，不仅可以避免游人干扰水鸟，而且可以在亭内设置鸟类讲解牌，让游人观察了解湿地生态系统。

依托老河湾的背景，将东部的溪流设计成芦苇荡，种植芦苇、菖蒲、香蒲等水生植物，营造出"蒹葭苍苍，白露为霜，所谓伊人，在水一方"的美学意境。

与道路连接的木桥，呼应芦苇的氛围取名"一方桥"。一方桥西侧溪流两岸，作为公园内湿地展示的重要节点，采用波纹形卵石小径，几棵溪畔的合欢树下设置木栈道，提供给游人一个静谧祥和的自然空间。设计重点创造出丰富的特色植物空间，突出季节性花卉植物变化和独特的湿地景观。

12.3.8 景观组织

公园整体沿大堤路东西走向呈带状展开，平面布局采用欲扬先抑的设计手法，入口结合现状设置丰富变化的地形形成天然的绿色屏障，进入核心景区后豁然开朗，后段随着曲折的道路系统将游人引到老河湾自然湿地。水系中通过自然手法展现湖泊、岛屿、溪流的多种形态，变化中不失统一，使布局显得轻盈洒脱，活泼而优雅。一条主游览线将各个空间形态联系起来，创造景观序列的同时形成丰富的景观层次。

13　江苏省苏州市白塘植物公园总体设计

◎ 荷兰 NITA 园林景观设计院　中国·城市建设研究院

13.1　区位关系

"白塘植物公园"位于苏州工业园区最具现代化气息的景观大道——现代大道中段的北侧，它的辖区内的"金鸡湖"和"沙湖"互为犄角并优势互补。四周市政道路环绕，交通便利快捷。游客乘坐公交 2、47、219、812 路在九龙医院下车后行走 15 分钟左右即可到达公园。另外，公交 28 路亦可直接到达。

01 主入口区
02 主景观大道
03 生态特色植物站
04 湿地水岸植物观赏区
05 五觉体验园之味觉园
06 五觉体验园之触觉园
07 五觉体验园之视觉园
08 五觉体验园之听觉园
09 五觉体验园之嗅觉园
10 音乐筝广场
11 看台休憩区
12 名贵花卉观赏区
13 阳光草坡
14 苗圃人工林地
15 花灌木展示区
16 自然生态山林区
17 彩叶树带
18 城市绿坡
19 管理办公区
20 生物观察站
21 景观长桥
22 城市沿河景观带

总平面图

设计效果图

大门入口效果图 1

大门入口效果图 2

综合服务建筑效果图

山顶茶棚效果图

13.2 地块规模

"白塘植物公园"坐落在原"白塘湖"地块内。公园总占地面积约60.5hm²。其中：陆地面积为47.3hm²（绿地面积37hm²），水面面积13.2hm²。

13.3 设计理念

采用现代与传统相结合的设计理念，以生态休闲旅游与植物科普教育为主要内容，以丰富多样的植物展示为依托，为人们提供休闲、度假、科普、游憩等多样活动场所。

（1）"市"、"野"之间

用人工手段去创造一个自然环境，形成有湖泊、河谷、溪流、湿地、山林、坡地、树林等多种形式的自然生态环境，突显城市绿洲境界。

（2）"山"、"水"之间

以山水为构架，充分利用原有水系，并通过人工堆土造山，形成山环水、水绕山的山水园林空间。

（3）"动"、"静"之间

运用传统与现代造园林理念，环绕公园主环道布景，并在主要景点及主环路旁营造小游园，动静结合，虚实相间。

（4）"林"、"木"之间

充分利用植物造景，塑造出山地密林的森林空间，体现季相变化特色生态空间，充分展示观赏空间、草甸空间、苗圃种植林等不同的植物景观。

（5）"传统"、"现代"之间

借鉴中国传统园林中"步移景异"的空间组织形式，形成动线和视线上的变化多样，运用现代材料和设计手法，塑造出贴近大自然气息的生态公园。

13.4 设计布局

整个公园从西往东形成南北条块状规则式人工种植展示区、岛屿生态自然区、湖区和山地自然生态林这四个区域。穿越这四个条块的东西向主游览线两侧，用人工化的设计手法，布置名贵花卉园、五觉园等，形成线条与点的序列穿插，与自然化的大背景形成对比。

13.4.1 人工种植展示区

在此区域内，靠南施街一侧种植苗圃林地，一方面考虑今后公园内苗木更换需要，另一方面作为后期商业开发预留用地。在苗圃林地东侧南北向的狭长地带布置花灌木展示区，以各种低矮的特色花灌木为展示主题，并通过东西向的直线形水渠和小园路进行分割，形成几何形布局，游人来回穿梭于花境之间，体验花木色彩的缤纷和自然的芳香。靠水一侧，布置音乐喷泉广场和亲水平台，作为集散活动空间。

13.4.2 岛屿生态自然区

利用原有白塘湖的两个岛屿，通过人工筑岛和水系改造，形成四个错落变化的岛屿和一片湿地，每个岛上种植突出季相变化的生态林，突出春、夏、秋、冬不同的植物种类。岛屿与湿地用木栈桥相连，使游人时而临水、时而入林，游、赏、憩相结合。

春季岛：以柔和松软的缓坡草坪为基调，大面积种植樱花、玉兰等春季观花植物，突出春天的活力。

夏季岛：种植广玉兰、紫薇、合欢等树木，与湿地景观一起，创造出宁静安闲的气氛。

秋季岛：通过种植银杏、元宝枫、桂花、金钱松等树种，创造浓密、幽深的气氛。

冬季岛：选用湿地松、黑松、赤松等常绿针叶树种，表现冬季植物傲立雪霜的生命力。

总平面图：夜景

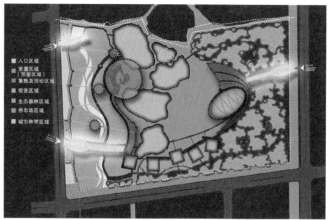

功能区域分析

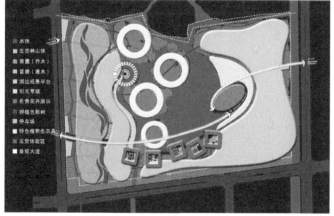

总体布局

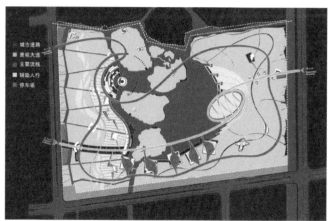

交通分析

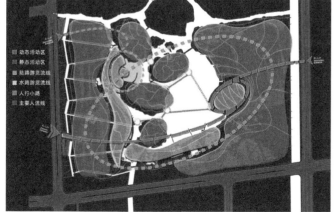

游园流线及活动组织

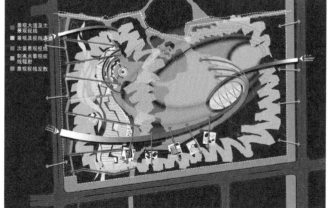

景观视线分析

建成实景照片

综合建筑

13.4.3　湖区

利用原有白塘湖，形成公园中部最大的水面，在湖面上组织划船等水上活动，使游人欣赏湖光、山色、林木之美。

13.4.4　山地自然生态林区

在公园的东部，运用人工手段，堆土叠山，形成海拔 10 ～ 16m 高低错落的人工山体，并模拟出原始山林生态系统，对山体进行大面积绿化。在山林中设计出溪流、水塘、岩石园、鸟类栖息园、草甸、儿童游戏场等多种景观和活动空间，形成地形起伏变化、林木葱茏、山地自然景观多样的游憩空间。

13.4.5　特色景点

名贵花卉展示区：在山地自然生态林区靠湖一侧，设计一处随地形倾斜的椭圆形名贵花卉观赏种植区，以青山为背景，绿水为引导，环湖四周都能观赏到色彩斑斓的大花坛，成为公园一大亮点。

五觉园：在湖区南侧沿东西向主游园一旁，布置"味"、"触"、"视"、"听"、"嗅"五觉体验园。

13.5　游路系统设计

公园设三个入口。其中游人出入口为两个，分别布置在南施街与新塘街东、西两侧，管理出入口一个，布置在靠南施街一侧。在两个出入口大门旁设停车场。

游路系统：围绕公园四周布置一条人、车（电瓶游览车、工程管理车）共用的环形主路。连接东、西两个出入口，布置一条弧线形主游览步行路，其他支路、小路穿插于主路之间。

（注：设计起止时间为 2004 年 9 月 15 日至 2005 年 8 月 20 日，于 2006 年 5 月 31 日竣工，2006 年 6 月 1 日交付使用。项目先后荣获北京市第十三届优秀工程设计一等奖及 2008 年度全国优秀工程勘察设计行业市政公用工程二等奖。）

14　北京市朝阳区太阳宫体育休闲公园规划设计

◎ 中国·城市建设研究院

为落实《北京城市总体规划 2004 ～ 2020 年》明确提出的"围绕中心城以第一道绿化隔离地区形成公园环"、"建设成为具有游憩功能的景观绿化带和生态保护区"的绿化要求，2007 年北京市市政府作出了"启动绿化隔离地区'郊野公园环'建设。"2008 年，根据市政府和相关部门的要求，将位于第一道绿化隔离地区内的太阳宫体育休闲公园纳入"郊野公园环"，委托我院参与该公园的规划设计工作。

14.1　基本情况

太阳宫体育休闲公园位于北京市太阳宫乡，北四环望和桥以南，处于北京第一道绿化隔离地区内，规划面积 29.70hm²。地块属于居住密集、公园绿地密集的区域。场地建设拆迁量大，"三无村"（农村无农业、农民无耕地、农转居无工作）的现象尤为明显，村民就业矛盾尤为复杂。

区位图

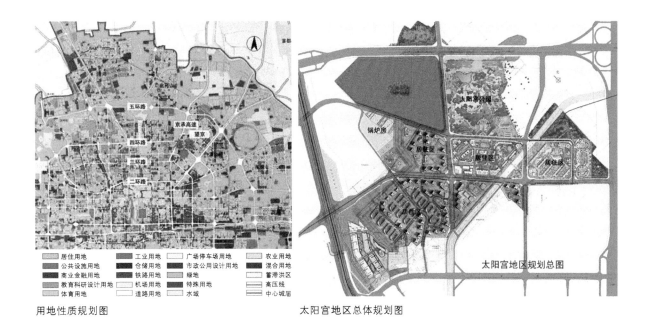

用地性质规划图

图例：居住用地、公共设施用地、商业金融用地、教育科研设计用地、体育用地、工业用地、仓储用地、铁路用地、机场用地、道路用地、广场停车场用地、市政公用设计用地、绿地、特殊用地、水域、农业用地、混合用地、蓄滞洪区、高压线、中心城届

太阳宫地区总体规划图

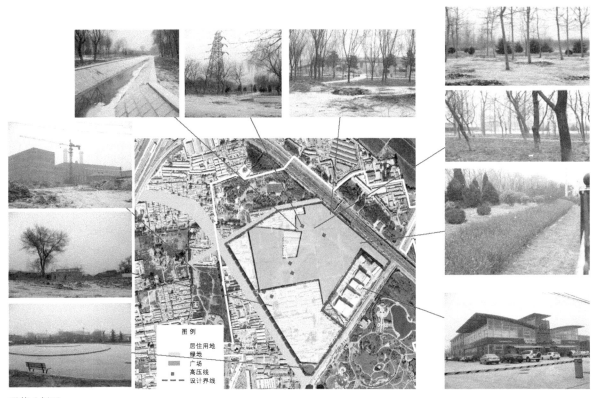

图例
居住用地
绿地
广场
高压线
设计界线

现状分析图

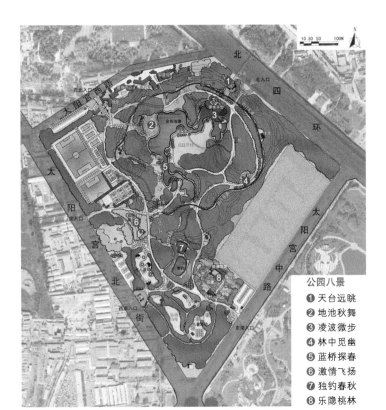

公园八景
❶ 天台远眺
❷ 地池秋舞
❸ 凌波微步
❹ 林中觅幽
❺ 蓝桥探春
❻ 激情飞扬
❼ 独钓春秋
❽ 乐隐桃林

总平面图

14.2　公园性质

在生态优先、以人为本、突出特色、统筹兼顾的规划原则指导下，本园从功能上突出以生态型休闲为主、结合体育健身休闲，塑造具有郊野风光特征的公园环境，营造满足大众的休闲功能的绿色环境，改善城市局部生态环境，为北京城市东北部地区或更大范围的市民提供良好的休闲游憩场所。

14.3　规划构思

通过以上分析我们就得到了一个类似"林间空场，路网环绕"的郊野公园结构。

（1）园区北部结合现有林地条件塑造具有郊野公园特征且功能上以生态休闲为主的功能区。

本案强调的生态休闲是依托自然环境的慢跑径、自行车道、森林氧吧等，而非借助器械的体育运动。

（2）沿主要道路将郊野公园特征向南部延续，其间开辟场地作为体育健身休闲的功能区。

全园鸟瞰图

公园最直接的服务对象是南部太阳星城居住区的居民，体育健身设施供不应求，需求量较大。

（3）利用原有的村庄庄台，以绿化恢复为主，结合环境塑造"茅屋草舍、池塘水车"的乡间田园风光。

为老人和儿童提供了一个娱乐和学习的世外桃源环境，而且在相关规范的框架下，还具有一定的服务功能，能够解决一部分村庄居民的就业。

（4）整合区域绿地空间。公园的设计中利用跨四环的人行天桥将望京地区和太阳宫地区南北两大块绿地连接起来，公园东入口与太阳宫公园西入口相连，形成了区域性公共绿地的整体连接，是北京各公园链系统在局部实现的具体表现。

14.4 功能分区与景点设计

14.4.1 出入口

公园东、西、南、北方向各设置一个主要入口。考虑到南面是附近居民的主要来向，设计了一个副入口；北面紧邻四环，主要服务于中、远距离的游客，但考虑到对四环交通的影响，设置了次要入口；西面综合服务区考虑物流较多，设置了服务车辆专用入口。

另外，建议将跨越四环的人行天桥延伸至本园中，形成南北大型绿地的对接。

14.4.2 景区及景点

总体上将公园分成四个景区和主要八个景点。四个景区是森林氧吧休闲区、综合服务区、文化活动区和体育运动休闲区；分布在四个景区中的八个主要景点是天台远眺、地池秋舞、凌波微步、林中觅幽、蓝桥探春、激情飞扬、独钓春秋、乐隐桃林。

（1）森林氧吧休闲区

景观特征：

以模仿自然原生态环境为主要特征，主要服务于追求贴近自然健康生活的群体和团队组织的户外聚会。

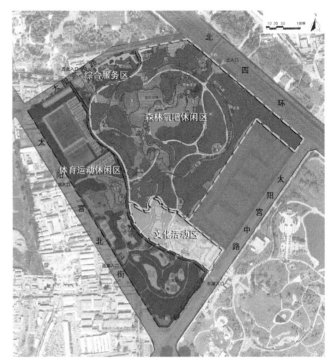

功能分区

空间分析

竖向分析图

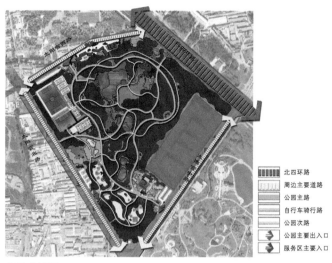

交通分析图

基础设施工程规划图

本区位于园区的中北部，面积大约 15.9hm²，由天台远眺、地池秋舞、凌波微步、林中觅幽、蓝桥探春以及健康步道、自行车道、阳光草坪、金色池塘、森林栈道等景点组成。

景观及景点：

天台远眺：将跨四环的人行天桥引入本园，放宽为观景平台形成全园的制高点，北眺望京、南望全园。设计师用笔给游客描绘一个美好的空间世界，创造了美丽如画的景观。

创意从一大一小两个扭动的调色板开始，到楼梯、小路，再到木平台广场，如行云流水般一泻而下，最后幻化为一曲碧水，穿行于园中，孕育出芳草绿树、百虫群鸟……人行其中其乐无穷。

地池秋舞：下沉式草坪，中央是草坪表演场。秋叶变色时节，在场地中举办音乐、文艺表演，既符合现代都市人的文化品味，也具有广阔的市场。

凌波微步：靠近水面设置亲水木平台和水中汀步，让游人领略在水面缓缓飘移的感受。

林中觅幽：结合自行车道在林中开辟小场地，可让骑车锻炼的人在休息的同时享受林中静谧。

蓝桥探春：蓝桥为跨水木装饰拱桥，以蓝桥为驻点，欣赏小桥流水、水中花草。

登高南望四环边，
芳草碧水入眼帘，
昨夜不知谁挥笔，
豪绘仙境在人间。

接四环天桥
旋转梯
观景台

坡道
自行车道

景观墙
机动车道

望湖亭

流翠

分区景点：天台远眺

设计构思：

把生活变得更美好是我们每个人的目标。

景观设计师用笔给人们描绘一个美好的空间世界。如绘画般创造美丽如画的景观。

创意从一大一小两个扭动的调色板开始，到楼梯、小路，再到木平台广场，如行云流水般一泻而下，最后幻化为一曲碧水，穿行于园中，孕育出芳草绿树、百虫群鸟……人行其中其乐无穷……

健康步道：以砂石铺成的道路，适宜林中慢跑、散步，局部路段用树皮、卵石铺装，突出自然特色。

休闲自行车道：独立的环形车道，不干扰主要人行交通。既可作为园中交通的一种方式，也可以作为一种体育休闲。

林中栈道：针对团队、组织在林中的聚会活动，设计多处大小不一的木栈道和木平台。

金色池塘：林中开辟水面，种植水生植物和石生植物，水中养殖鱼类，有木栈道伸入水中，形成诗情画意般的郊野风光片断。

兰草坪：小溪蜿蜒的局部形成较开阔的水面，水边种以水生鸢尾，较开阔的草坪延伸至水边，草坪内播种二月兰、点地梅等花期较长的草花，形成春、夏季芳草如茵的宜人环境，并与生态茶室构成花卉观赏区的中心休息区。

（2）综合服务区

景观特征：

位于公园的西入口，紧邻规划路，面积大约 1.4hm²。本区主要特色是功能建筑与环境的完美结合，主要服务对象是中青年人群。

本区主要景观构成形态为密林以及林间空场，在林间布置以餐饮、娱乐、科普、展览等为内容的功能性建筑，同时公园的部分管理建筑也布置在本区。建筑风格以灰色调、现代风格为主。

（3）文化活动区

位于园区东南入口以北，面积大约 2.8hm²，主要服务内容为活动中心和花卉、中草药标本科普展览以及垂钓。

设施分布

分区景点：地池秋舞

景观特征：

以山桃、碧桃等营造世外桃源的意境。

景点：

乐隐桃林：以桃树种植围合空间，形成世外桃源的情境，内部点缀建筑，供老人文娱活动和儿童的科普学习。

倚澜草堂：由石、木、茅草等天然材料构成的庭园建筑，面向花圃和药圃，背后是茂林修竹，使人忘却身处闹市，身心得到充分的放松。功能上作为活动中心及儿童学习植物知识的展览室。

药圃：种植各类适合的中草药等，供游客学习、识别和采摘。

花圃：种植适合本地的各类花卉，以供青少年学习和观看，提高他们热爱自然、保护自然的意识。

桃林小座：在桃林中布置一个小型茶室，以供游客在桃花林中品茗赏景。

独钓春秋：林中开挖鱼池，营造出清净的场所以供垂钓者享受渔鱼之乐。

（4）体育运动休闲区

本区位于园区南部，紧邻太阳宫北街，面积大约 $9.6hm^2$。包含足球场、篮球场、网球场、羽毛球场等规范运动场地和极限自行车运动场地、旱冰场；还有老人活动聚会的场地、儿童娱乐活动场地等内容。

分区景点：凌波微步

景观特征：

以运动景观为特色，表现生命的活力。

景点：

激情飞扬：林中的极限运动，主要体现的是青少年敢于挑战、不畏困难、展现自我的风采。

14.5 常规设施

14.5.1 管理设施

考虑到公园游客集中的重心，并考虑与未来北侧绿地的关系，公园的管理中心放在公园的西部，同时各出入口设置独立的管理用房，管理建筑总用地面积为 $1485m^2$。

14.5.2 服务设施

考虑到公园游客的分布情况，并为节省市政设施引入的投资，公园的主要服务设施集中在两片：园区的东部靠近城市主路和园区西北部临近规划路，主要是园林化的茶室和咖啡厅。

公园内部主要布置一些休憩设施。

14.5.3 游憩设施

休息设施：以游人容量的 20% 计算，为 740 位。其中园椅的数量以 20 位 /hm^2 计算，服务半径 16m 布置，需要园椅 200 处（600 位）。

14.5.4 公共设施

厕所：以游人容量 3712 人的 2% 设置蹲位，约为 74 个蹲位，以 250m 服务半径分布，其中园区东部与西部的蹲位分布比例为 1：1.5，公园内共应设立 4 处厕所。

电话亭、果皮箱、饮水站等设施按照相关规定设置。

14.5.5 地下空间

该地区的有车率高于北京市的平均水平，停车问题

林中栈道

分区景点：蓝桥探春

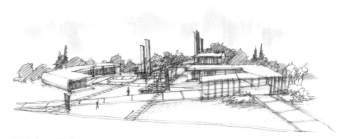

西北入口景观

将随着城市建设发展而成为越来越突出的问题，若将本园局部的地下空间作为停车场开发，将有效缓解本地区的停车问题，成为一项公益工程。考虑到这样的因素，建议开发局部的地下空间作为公共停车场，除为公园游客服务外，还可以为城市居民的日常停车服务。

地下空间的开发还着眼于本公园未来作为防灾避灾绿地使用，地下空间作为临时避灾场所或物资储藏场所，也可结合地下空间作为雨水收集的蓄水池。

地下空间的开发可以利用园区内的硬质场地等空间，避免对植物种植产生影响。

15 内蒙古自治区牙克石市凤凰山中国汽车测试园总体规划

◎ 中科地景规划设计机构

"首届中国汽车测试及质量监控博览会"的举办，使"汽车测试"从专业词汇变成人们的日常交流词汇。随着我国汽车保有量的不断增多和汽车技术的不断进步，我国汽车测试行业从无到有，从小到大，从引进技术和测试设备到自主研究开发并推广应用，从单一性能测试到综合性能测试，汽车测试业迅速发展，汽车测试市场初步形成。

然而在冬季汽车测试这一块，中国乃至整个亚洲地区目前还没有特别成形的测试中心。由于冬季汽车测试场地选址较为严格，要求配套较高，世界上只有屈指可数的少数几个地方适合开展冬季汽车测试，如瑞典阿普兰地区、美国底特律市、加拿大北部地区和格陵兰岛等。近些年来，世界主要的汽车测试公司也希望在亚洲地区寻求合适的地点，建设新的大规模汽车测试中心。如德国博世集团，从 2004 年就开始在中国北方的黑龙江省和呼伦贝尔地区选址，建立冬季汽车性能测试中心，牙克石凤凰山汽车测试园的建设正是在这样的背景下产生的。

从牙克石市的角度来看，汽车测试园区的建设为其产业结构调整和优化找到了突破口和新的经济增长点。2004 年底，德国博世集团拟在中国北方的黑龙江省和呼伦贝尔地区选址建立冬季汽车性能测试中心，牙克石市获悉这一消息后，积极与博世集团接洽，经过数次艰苦谈判，博世集团最终决定入驻呼伦贝尔的牙克石市。博世（中国）投资有限公司在凤凰山新建了冰面汽车测试场和地面汽车测试跑道各一处，弥补了自治区无汽车测试场的空白。为进一步扩大汽车测试规模和能力，发展第三产业，牙克石市政府决定对凤凰山汽车测试园进行全面建设，使之成为集汽车测试、生态观光、康体娱乐于一体的国际化汽车测试和旅游基地。为此，特提出内蒙古牙克石凤凰山中国汽车测试园扩建工程。

15.1 规划范围

规划区位于牙克石市区东南郊，牙克石市林业局的免渡河林场和牙克石林场境内；园区北端（云龙山庄）

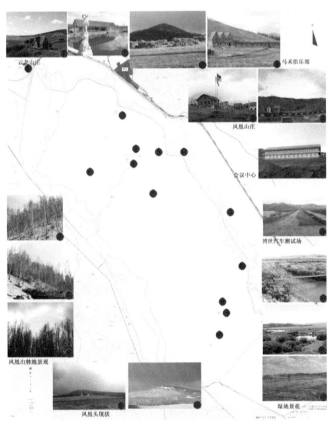

现状分析图

距离牙克石市区 6km，南端（凤凰头）距离市区 13km；地理坐标为东经 120° 47′ 39″ ~ 120° 59′ 33″，北纬 49° 05′ 56″ ~ 49° 14′ 40″，东至扎敦河，南连 301 国道，西接南博草原，北邻滨洲铁路线，总面积 116.8km²。

15.2　规划原则

15.2.1　环境保护与生态建设原则

在园区的规划建设中，将保护生态系统的完整性和地理环境的原生性放在优先位置，使园区建成后，能够达到社会经济效益与环境效益的协调，建设生态型的汽车测试园区。

15.2.2　立足资源比较优势的规划原则

在园区项目，尤其是旅游核心项目的设置上，充分发挥和利用园区的资源比较优势，将冰雪资源优势转变为经济开发优势。

15.2.3　严格分区、功能协调的规划原则

在园区的规划中，将汽车测试项目和旅游配套项目实行严格的分区建设，在旅游项目内部，也实行不同功能区的划分，但在园区整体功能的实现上，确保不同功能区之间的协调配置和功能共享。

15.2.4　弹性规划原则

弹性规划原则就是要在园区的开发规划中，能够为后期的开发建设预留合理的发展空间，能够适应内部及外部环境的变化，而不会因为开发策略太过刚性而使未来的发展陷入僵局。对牙克石汽车测试园区来讲，遵循弹性规划原则主要表现在两个方面：首先要在开发过程中保留出足够的草地和森林空间，为园区提供良好的景观效果和休闲度假环境；其次，要对园区的用地进行严格的控制，不仅要为湿地等资源划出专门的保护区和缓

凤凰山 + 免渡河山水格局分析

冲区，还要预留足够的未来发展用地，确保园区建设的合理时序和持续发展。

15.3　总体规划目标

近期：主要完成汽车测试园区基础设施的建设，包括人工湖的开挖及地面测试场地的整理，为汽车测试企业的入驻提供条件。此外，完成凤凰山高级滑雪场、汽车测试园区轨道交通、汽车测试园区内部简易交通便道、星级度假酒店等接待配套设施的建设，全力打造牙克石汽车测试园区。

中期：积极建设汽车测试园区道路交通、供排水、通信、供配电等基础设施，建设接待酒店，并配套建设旅游服务设施，稳定和开拓冬季冰雪旅游市场，通过完善的冰雪旅游产品，尤其是冰雪运动旅游产品的提供，

开拓更广阔的客源市场，通过营销宣传和口碑效应，确立牙克石冬季冰雪运动旅游的顶尖品牌，变"白雪"资源为"白金"效益。此外，积极开发和包装园区夏季旅游产品和项目，通过特色水体休闲娱乐、汽车测试园区内部简易交通便道活动、时尚汽车宿营等旅游产品的设计，形成有别于海拉尔、满洲里等地的特色旅游形象，使园区成为集国际汽车测试与旅游特色为一体的呼伦贝尔旅游目的地。

远期：进一步完善汽车测试园基础设施与服务接待设施，进一步开发旅游产品，包括山地网球场、冬季高尔夫等旅游项目的建设，实现园区的四季经营，并通过特色产品的设计和完善服务的提供，打造亚洲一流的"花园式汽车测试园区"。

15.4 总体规划定位

15.4.1 汽车测试市场定位

内蒙古牙克石市凤凰山中国汽车测试园区现在已经进驻了德国博世汽车集团，世界 500 强企业之一，在汽车零部件领域具有国际领先的地位。已经接洽、准备进

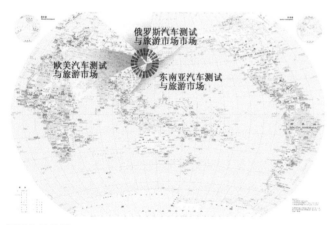

国际市场分析

入的汽车测试厂家还有 ATM 集团和奇瑞集团。随着博世集团、ATM 集团、奇瑞集团入驻牙克石进行汽车冬季测试，必然会带动更多的亚洲汽车生产商进入牙克石进行汽车测试。因此，牙克石冬季汽车测试前景非常广阔。

15.4.2 旅游市场定位

作为汽车园区的辅助配套项目，旅游项目的市场主要包括两部分群体：一是测试园区各测试公司的内部职工和相关客户；二是由旅游动机激发的游客。

15.4.3 旅游产品定位

从园区所在区域的资源条件来看，其最具特色和开发潜力的资源特色有两个方面：一是具有草原与森林交错的过渡景观；二是具有较好的冰雪旅游资源，不仅雪期长，而且雪质好，具有适宜开发冰雪观光及冰雪运动的自然条件。这两方面的资源优势也是开发和设计园区旅游项目的关键依托。牙克石汽车测试园区的主导旅游产品可以归纳为以下三类：冬季冰雪观光与冰雪运动旅游产品；夏季水体休闲娱乐旅游产品；夏季时尚休闲运动旅游产品。

15.4.4 功能定位

根据以上产品和市场定位，可以将园区项目的功能作如下界定：

汽车测试功能：园区的核心功能和主导功能。

康体运动功能：园区建成后，配套的核心旅游项目包括滑雪场、狩猎场、马术厂、网球场等，这些项目都能够较好地满足游客康体运动的功能；

休闲度假功能：牙克石夏季风景宜人、气候温凉，是休闲度假的好地方。园区建成后，相关配套设施齐全，活动内容丰富多彩，能够为游客提供最佳的休闲度假体验。

观光旅游功能：草原与森林过渡地带的独特景观是开展观光旅游的重要资源，如林海雪原风光、大兴安岭风情等。

节事活动功能：冰雪旅游节、滑雪旅游节、旅游文化节、上地自行车赛、滑雪邀请赛、滑草狂欢节等等。

15.4.5　主题定位

根据园区建成特色和核心功能，可将牙克石汽车测试园的主题确定为：

"亚洲最大的生态汽车测试中心，中国北方最知名的四季度假旅游胜地"。

15.5　总体规划布局

15.5.1　汽车测试场规划

牙克石凤凰山中国汽车测试园的博世集团汽车测试场地已经开工建设，ATM 集团、奇瑞有意图在牙克石凤凰山建立汽车测试场地的情况下，汽车动机测试前景广阔。汽车测试场地因自然条件、区位条件、配套基础设施及人才的要求，往往呈现规模积聚的分布规律。考虑这个规律以及凤凰山汽车测试园的环境容量，拟建设七个汽车测试场地，分别是博世测试场、一号测试场、二号测试场、三号测试场、四号测试场、五号测试场和六号测试场，总面积 1348 万 m^2，其中：冰面测试场 642 万 m^2，地面测试跑道 706 万 m^2。汽车测试场面积占整个凤凰山中国汽车性能测试园区总面积 11680 万 m^2 的 1/10 强。牙克石凤凰山中国汽车测试园建成后，将成为中国首家亚洲规模最大的汽车性能测试项目。

各汽车测试场情况如下：

一号汽车测试场面积 135 万 m^2，其中：冰面测试场 105 万 m^2，地面测试跑道 30 万 m^2。

二号汽车测试场面积 163 万 m^2，其中：冰面测试场 105 万 m^2，地面测试跑道 58 万 m^2。

三号汽车测试场面积 195 万 m^2，其中：冰面测试场 102 万 m^2，地面测试跑道 93 万 m^2。

四号汽车测试场面积 217 万 m^2，其中：冰面测试场 118 万 m^2，地面测试跑道 99 万 m^2。

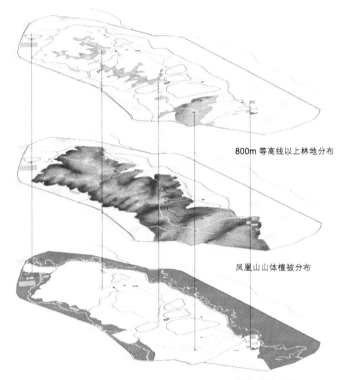

800m 等高线以上林地分布

凤凰山山体植被分布

草原、湿地分布

场地分析

五号汽车测试场面积 444 万 m^2，其中：冰面测试场 109 万 m^2，地面汽车测试跑道 335 万 m^2。

六号汽车测试场面积 194 万 m^2，其中：冰面测试场 103 万 m^2，地面汽车测试跑道 91 万 m^2。

15.5.2　旅游区规划

汽车测试场面积占整个凤凰山汽车测试园区面积的 11.54%。根据汽车测试园区所在的地理环境特征和资源分布状况，在剥离汽车测试所需土地及场地空间的基础上，对剩余可用空间进行旅游区的划分和相关旅游项目的设置，旨在形成以冬季汽车测试为核心、以个性化的旅游功能为突出特色的，功能协调、项目配套合理的综合性园区。在上述原则的前提下，将园区剩余可用空间分为"三心、两线、四大旅游功能区"。

"三心"指园区三个汽车测试接待中心，分别为云龙山庄、博世汽车测试接待中心以及凤凰头接待中心。

"两线"指云龙山庄至凤凰头接待中心之间20km的汽车测试轨道交通线，以及纵贯园区南北的汽车测试园区内部简易交通便道。

"四大功能区"分别为马术俱乐部旅游区、森林狩猎旅游区、滑雪运动功能区（分为南北两个功能区，有高级与初中级的差别）、汽车宿营地。

（1）接待中心

1）云龙山庄接待中心

云龙山庄是目前测试园区的主入口，国家AAA级旅游景点，开发历史相对较长，现有住宿床位数100个左右，旅游旺季能容纳300人左右就餐。在近期内，一要尽力改善和提升现有住宿接待设施的档次和水平，二要新建两个300间客房的三星级度假酒店，集餐饮、住宿、娱乐、健身、商务、休闲、度假等功能于一体，作为园区的住宿中心、餐饮中心、娱乐中心、会议中心和商务中心。

2）博世汽车测试接待中心

凤凰山中部博世汽车测试场区域有住宿床位80个左右，新建有会议室、度假别墅等住宿接待设施，是目前园区主要的接待中心之一。此区域是汽车测试园未来的中心地带，拟建拥有500个床位的四星级酒店一座。

3）凤凰头接待中心

规划建设的凤凰头高级滑雪场，承担着举办大型国际体育赛事和旅游文化届时活动的功能，滑雪场建成后将形成园区新的最重要的旅游接待中心。为满足高级滑雪旅游爱好者以及大型赛事活动的接待设施要求，规划建设包括1200个床位、游泳池、健身房等在内的五星级酒店，提升整个园的旅游接待水平和档次。

（2）"两线"设计

1）汽车测试轨道交通

从云龙山庄至凤凰头的20km森林轨道交通，是园区重要的内部交通方式，连接起园区三个接待中心和八大功能区块，更是园区有特色的旅游产品和项目，是体现园区所在当地传统森工文化的重要载体。

近期内，以云龙山庄至凤凰头单向20km的森林轨道交通为建设核心；中远期，在旅游发展相对成熟的基础上，考虑建设从凤凰头至云龙山庄的返程森林轨道交通，形成围绕园区的环线森林轨道交通环路。

2）汽车测试园区内部简易交通便道

汽车测试园区内部简易交通便道可以作为山地自行车活动道。山地自行车活动既是世界流行的旅游活动项目，也是国际众多知名度假区（如海狸溪、隐居谷等）夏季旅游的核心活动项目，对于度假区的四季运营起着至关重要的作用。在美国评选的20种增长最快、参与最多的休闲活动中，山地自行车名列前茅。

从园区的地理环境来看，具备开展山地自行车的地形地势以及类型多样的自然景观条件。在汽车测试园内部简易交通便道的设计上，要将线路的走向与景观效果相结合，形成风景独特的山地自行车道。

（3）四大功能区及相关项目设置

1）马术俱乐部旅游区

基于牙克石著名的三河马以及蒙古族人的骑马文化基因，规划建设以骑马、马术为中心的旅游项目，充分挖掘和展示当地的文化内涵，完善测试园区的旅游功能，为游客提供丰富多彩的休闲娱乐活动，能够带来较好的社会效益和经济效益。

2）森林狩猎旅游区

狩猎是展现森林民族文化和民族个性的重要活动方式，森林狩猎旅游区具体项目设置如下：

森林狩猎旅游区项目表

	项目
森林狩猎旅游区	驯鹿养殖观光区
	驯鹿狩猎区
	森林民族（狩猎）文化展示园
	极地野生动物园

3）滑雪场运动区

即现有凤凰山滑雪场所在的区域，在将来的园区旅游发展格局中，凤凰山滑雪场主要以接待初、中级的滑雪旅游者为主，具体项目设置如下：

凤凰山滑雪场冬季与夏季项目

季节	项目
冬季	滑雪、雪景观光、马拉雪橇、雪上活动
夏季	滑草、野营地、徒步游道、山地烧烤场、射击（箭）场

凤凰头高级滑雪场是园区高端滑雪运动中心，具体项目设置如下：

凤凰头高级滑雪场核心项目

季节	核心项目
冬季	滑雪场、雪雕公园、雪地机动车（汽车、卡丁车、摩托车）、雪幕电影院、雪地自行车、冰球运动场、大型节（赛）事活动
夏季	山地网球场、草场保龄球、滑草场

4）汽车宿营地（夏季）

针对自驾车旅游市场的蓬勃发展以及城市人对自然户外活动的向往，开发汽车宿营地，满足这类游客的旅游需求。

在汽车宿营地的位置选择上，以靠近森林的山脚草地最为适合；在项目的配备上，以各种样式的旅游活动为主，包括篝火晚会、草地音乐会、露天电影、草地保龄球等。

15.6 配套设施规划

15.6.1 直接配套设施规划

为满足汽车功能和性能测试的需要，需进行汽车测试场地建设及配套设施建设，以及汽车测试园区的旅游项目建设。

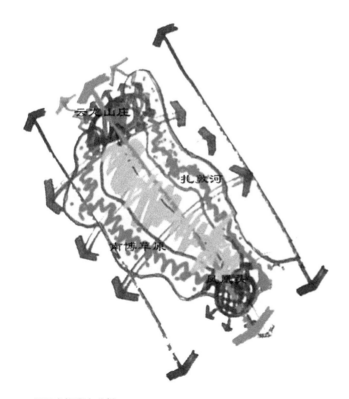

园区空间意向分析

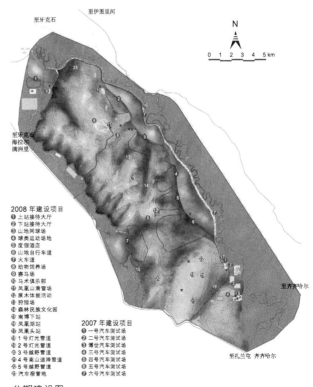

分期建设图

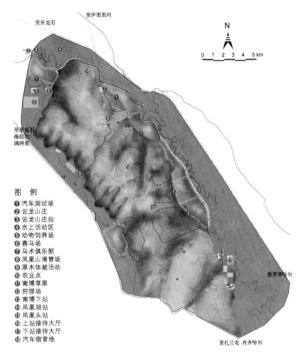

至牙克石　　至伊图里河

N

0 1 2 3 4 5 km

至牙克石
海拉尔
满洲里

至齐齐哈尔

图　例
❶ 汽车测试场
❷ 云龙山庄
❸ 云龙山庄站
❹ 水上活动区
❺ 动物饲养场
❻ 赛马场
❼ 马术俱乐部
❽ 凤凰山滑雪场
❾ 原木体能活动
❿ 农业点
⓫ 南博草原
⓬ 狩猎点
⓭ 南博下站
⓮ 凤凰湖站
⓯ 凤凰头站
⓰ 上站接待大厅
⓱ 下站接待大厅
⓲ 汽车宿营地

至扎兰屯　齐齐哈尔

平面图规划图

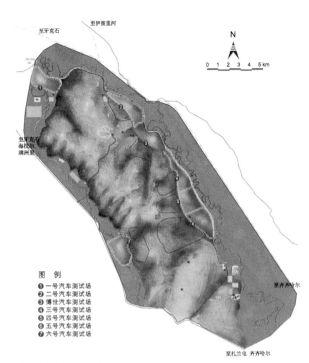

至牙克石　　至伊图里河

N

0 1 2 3 4 5 km

至牙克石
海拉尔
满洲里

至齐齐哈尔

图　例
❶ 一号汽车测试场
❷ 二号汽车测试场
❸ 博世汽车测试场
❹ 三号汽车测试场
❺ 四号汽车测试场
❻ 五号汽车测试场
❼ 六号汽车测试场

至扎兰屯　齐齐哈尔

汽车测试场规划图

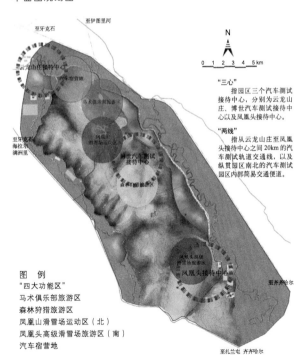

至牙克石　　至伊图里河

N

0 1 2 3 4 5 km

"三心"
指园区三个汽车测试
接待中心，分别为云龙山
庄、博世汽车测试接待中
心以及凤凰头接待中心。

"两线"
指从云龙山庄至凤凰
头接待中心之间20km的汽
车测试轨道交通线，以及
纵贯园区南北的汽车测试
园区内部简易交通便道。

云龙山庄接待中心

汽车宿营地

马术俱乐部旅游区

凤凰山滑雪场运动区

博世汽车测试
接待中心

森林狩猎旅游区

凤凰头高级
滑雪场旅游区

凤凰头接待中心

至牙克石
海拉尔
满洲里

图　例
"四大功能区"
马术俱乐部旅游区
森林狩猎旅游区
凤凰山滑雪场运动区（北）
凤凰头高级滑雪场旅游区（南）
汽车宿营地

至扎兰屯　齐齐哈尔

旅游区功能分区

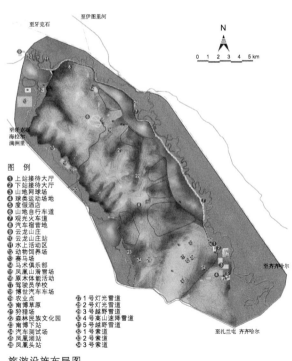

至牙克石　　至伊图里河

N

0 1 2 3 4 5 km

至牙克石
海拉尔
满洲里

至齐齐哈尔

图　例
❶ 上站接待大厅
❷ 下站接待大厅
❸ 山地网球场
❹ 球类运动场地
❺ 度假酒店
❻ 山地自行车道
❼ 观光火车道
❽ 汽车宿营地
❾ 云龙山庄
❿ 云龙山庄站
⓫ 水上活动区
⓬ 动物饲养场
⓭ 赛马场
⓮ 马术俱乐部
⓯ 凤凰山滑雪场
⓰ 原木体能活动
⓱ 驾驶员学校
⓲ 博世汽车车道
⓳ 农业点
⓴ 南博草原
㉑ 狩猎点
㉒ 森林民族文化园
㉓ 南博下站
㉔ 汽车测试场
㉕ 凤凰湖站
㉖ 凤凰头站

㉗ 1号灯光雪道
㉘ 2号灯光雪道
㉙ 3号越野雪道
㉚ 4号高山速降雪道
㉛ 5号越野雪道
㉜ 1号索道
㉝ 2号索道
㉞ 3号索道

至扎兰屯　齐齐哈尔

旅游设施布局图

（1）汽车测试指挥调度中心

为了统一协调各测试厂家的人员、道路、商业等需要，需要成立测试指挥中心，建筑面积3000m²，负责汽车园区的生产调度、行政管理、日常维护、商业经营、人员培训、汽车驾驶培训等工作。

指挥调度中心拥有部分雪地交通工具、风雪应急防护设备。

（2）汽车驾驶员培训中心

根据汽车驾驶员培训的需要，建汽车驾驶员培训中心500m²。

（3）车库、燃料库

为满足汽车测试的需要，需建车库2400m²（每处汽车测试场各400m²）、燃料库300m²（每处汽车测试场各50m²）。

（4）公路

1）园区至301国道的连通道路

为保证汽车测试的正常运行，需修建301国道至凤凰山测试园的柏油路，长39km，路宽10m。

2）园区内部简易交通便道

汽车测试园区内部简易交通便道总长20km，宽5m。可作为山地自行车运动道路。

（5）轨道交通

云龙庄—马术俱乐部—凤凰湖—免渡河职业高中农业点—凤凰头，长20km，路基宽3.2m，采用路堤形式，以碎渣为基石，该线路为单线线路。其中在5个车站各增加200m辅线，共计1km辅线，为会车线。轨道交通线路为单线线路，分别架设长为30m和20m的两架桥梁，涵洞25个。

分别在凤凰山站、马术俱乐部站、凤凰湖站、兴安站、凤凰头站各建5个站房，站房、站台均为木制建筑，面积约300m²，建站台300m²，修建普通单式道岔，安装道岔表示器。每个站台修建复线200m，5个火车站共计1000m铁路线。起点站和终点站各配置转盘式转向机各1个。

（6）输电线路。

（7）供热工程。

（8）配套工程建设。

配套工程建设包括挡水工程、引（输）水工程、补水泵站工程、防渗工程、土石方工程等。

15.6.2 配套旅游设施规划

从目前状况来看，园区基础设施相对完善，这得益于云龙山庄和凤凰山滑雪场的开发建设。园区的基础设施建设，主要是在现有基础上，满足新建的汽车测试中心、旅游配套项目及旅游服务项目对水、电、通信和道路等的需求。

从园区的功能来看，其接待服务设施主要围绕住宿、餐饮、会议和休闲娱乐进行配套设置。考虑到园区的用地面积和节点式开发原则，在旅游服务设施的布局上，实行项目集中、功能集聚的配套模式，即在服务设施的配套上，通过星级酒店的建设，将不同服务功能进行整合。

根据园区的资源条件和地理环境特征，在汽车测试中心之外，将形成三个汽车测试接待中心：云龙山庄接待中心、博世汽车测试接待中心、凤凰头接待中心。

在近期内，园区的康体健身、商务会议、休闲娱乐等功能主要通过星级酒店的项目配套来实现；在中远期，随着旅游产品的成熟和旅游市场的拓展，可考虑成立专门的康体中心、会议中心和大型综合娱乐中心，以满足不断增长的旅游服务需求。

园区核心旅游服务设施项目如下表。

旅游接待设施项目列表

项目名称	所在位置	客房数	主要功能	建设内容
四星级酒店	凤凰头接待中心	500 间	住宿餐饮、商务会议、休闲娱乐、康体健身、度假疗养	会议室、健身房、室内游泳池、康乐宫等
三星级酒店（一）	云龙山庄接待中心	300 间	住宿餐饮、商务会议、休闲娱乐、康体健身	会议室、健身房、SPA
三星级酒店（二）	云龙山庄接待中心	300 间	住宿餐饮、商务会议、康体健身、疗养度假	水疗、泥疗中心、美容保健中心
三星级酒店	博世汽车测试接待中心	200 间	住宿餐饮、商务会议、休闲娱乐、康体健身	会议中心、多功能康乐宫

15.7 环境保护与生态保育

15.7.1 河流及岸线环境保护及水土保持

保护园区内部河流及岸线的景观，最基本的要求是将保护与开发有机结合，将堤岸建成为一个旅游吸引物，使其具有观光功能。由于拟建的森林小火车线路将铺设在扎敦河的堤坝上，因此在对堤坝的材料选用上要考虑到环境保护的要求。

根据《中华人民共和国水土保持法》《水土保持综合治理技术规范》(GB/T16453.1 ~ 6) 的规定，结合凤凰湖工程建设特点及周边地形、地貌类型，水土流失防治工程与主体工程同步进行，建设与防治并重，以防治水土流失为目标，以保护生态环境为出发点，促进经济与环境的协调发展。

水土保持措施主要在蓄水工程区及渠道两侧、土料场、碎石及砂砾料场、施工便道及施工场地进行水保治理。

在遵守水土保持法规、应用水土保持技术和环境保护总体要求原则的同时，为保证工程项目水土保持方案顺利实施，工程建设单位应在技术力量和资金方面给予保障，对施工过程进行监督、监测、竣工验收等。

15.7.2 园区内湿地保护

免渡河流域形成的大面积湿地，是园区内生态敏感地区，也是景观独特的资源区块，其中生存着众多水生生物，构造了湿地（水域）→ 水生植物 → 水生动物 → 野生动物 →陆生植物的良好生态系统。

严格保护湿地生态系统，在湿地区域范围内，不进行旅游接待设施和道路系统的建设，不装设任何照明设施和设备。在该区域，仅开展简单的生态观光和游览活动，不开辟水上交通运输通道。

15.7.3 地表水质保护

制定地表水整治规划，研究地表水体的水环境容量，园区排水方式采用雨污分流制。加速园区范围污水处理厂（站）和污水输排管网的建设，保证区内产生的全部污水都得到有效处理，实现达标排放。

15.7.4 环境空气保护

环境空气的保护范围为园区及其周边 1km 范围 。园区内采用清洁能源，例如太阳能、风能、电能、轻柴油、液化石油气和天然气 ，禁止用煤炭作燃料。做好园区范围内宾馆、度假村、酒店、餐饮设施、娱乐设施等的消烟除尘工作；做好餐饮设施油烟治理工作。所有大气污染源全部实现达标排放。园区内设集中式停车场，区内交通以森林小火车为主，控制机动车尾气污染。

15.7.5 声环境质量保护

保护园区范围的声环境质量。园区范围内宾馆、酒店、餐饮设施、娱乐设施及公服设施所用机械设备，均应采用低噪声系列设备，并做好减振、隔声、消音工作。园区内设置车辆减速和禁止鸣笛的警示牌。园区内交通采用电瓶车，减少机动车噪声。

15.7.6　生态和景观保护

加大项目区森林资源保护的执法力度和监督检查力度，严格依法查处破坏森林资源的违法行为，使森林资源及植被不受破坏。

项目景区的开发建设，应及时监测环境对野生动物的影响，贯彻"加强保护、积极驯养繁殖、合理开发利用"的方针。在狩猎、垂钓等特定区域外，禁止狩猎和其他妨碍野生动物繁衍生息的活动。因此，应当加强对客户的教育和管理，采取有效措施，制止和杜绝对森林野生动物的乱捕滥猎现象的发生，以保护生物多样性。

（1）景观资源保护工程

汽车测试园区内的一切景观和自然环境必须严格保护，不得损毁、破坏或随意改变。在项目区主要地段及沿线设立指示性标牌40块。严禁在项目区内毁林开垦和毁林采石等破坏景观行为。确定合理的游客接待规模，有计划地组织游览活动，要严格按照规定的旅游线路游览，确保景观的原始风貌。设立限制性标牌20块。

（2）生态环境保护工程

汽车测试园的建设，必须采取有效措施，保护生态环境，对景区内荒山荒地应全面绿化。防止植被破坏、水土流失、水源枯竭、种源灭绝等生态失调现象的发生以及废气、废水、废渣、噪声等对环境的污染和危害。项目区内不得建设污染环境的工业生产设施。项目区内建环保公厕4处，垃圾箱100个，运送垃圾车2辆。

15.8　结语

牙克石汽车测试园的建立，能够带动以服务业、商业、旅游业接待为核心的第三产业的发展。一方面，牙克石作为亚洲规模最大的冬季测试园区，其建立发展能够吸引全亚洲，乃至整个世界的关注，极大地提升牙克石的对外知名度，形成良好的口碑效应；另一方面，随着园区配套旅游设施的建设，会有大量的旅游者涌入，形成以牙克石汽车测试园区为目的地的强大旅游流，从而刺激旅游住宿、餐饮、娱乐、康体健身等设施的发展，发挥其关联拉动作用。

16 山东省济南市天鸿体育公园景观设计

◎ 山东同圆设计集团有限公司

16.1 项目背景

济南天鸿万象新天小区位于山东济南东部城区，总规划面积 333.5 万 m^2，建筑面积约 600 万 m^2，天鸿体育公园位于天鸿万象新天小区西南部，项目的建成为生活在小区里的人们提供休闲健身的好去处，提升了项目整体的居住品质。基地原址为废弃的垃圾场，地形平坦、空旷，基地南、北、东三面用地均为万象新天居住社区用地，南侧为天鸿高尔夫球场，东侧为售楼处，北侧为小区主要建筑群体。基地东西长 300m，南北约 200m，占地约 6.5 hm^2。

16.2 设计构思

本公园以体育概念为切入点，着重体现"快乐体育，全民参与"的设计理念，设置普及率高，参与度高的项目，致力于创造一个充满活力的，服务于小区业主的体育主题休闲公园。设计以景观湖为核心，通过一条 888m 的红色塑胶慢跑道作为主环线，将广场、水体、园路、运动场地、健身器械等多种功能要素有机地结合起来，形成一个集体育运动、休闲娱乐、人文生态为一体的，具有标志性的社区景观形象。

16.3 设计内容

按功能分为 4 个区：入口景观区、湖体景观区、体育运动区、休闲游乐区。

16.3.1 入口景观区

设计注重体育公园的形象，着力打造有内涵、有视觉冲击力的景观效果。

16.3.2 湖体景观区

景观湖是全园的重点，水域面积约为 0.7 hm^2，观演广场作为景观湖的湖心岛，集表演、观赏、娱乐等功能于一身，为使用者的各种需要提供活动空间。

16.3.3 体育运动区

园区内包括一个 7 人制足球场、3 个标准篮球场、3 个羽毛球场和若干乒乓球台，这些场地较好地融入绿色环境中，人们在挥洒汗水的同时，还可以尽情地呼吸清新的空气。

16.3.4 休闲游乐区

为了兼顾老人、儿童的活动需求，设置了休闲游乐区。设计宗旨是在充满趣味的参与中展示体育运动的科普知识，以框架剪影为主要组景要素，分别展示了跑步、自由体操、吊环、举重、篮球、足球、击剑、射击等运动。

16.4 铺装设计

注重铺装材料与环境中其他设计要素相配合，铺装不简单满足实用功能，更要达到艺术性的要求。在材料选取上根据不同材料的类型、特点、色彩、质地以及铺设形式等，为室外空间增添亮点。

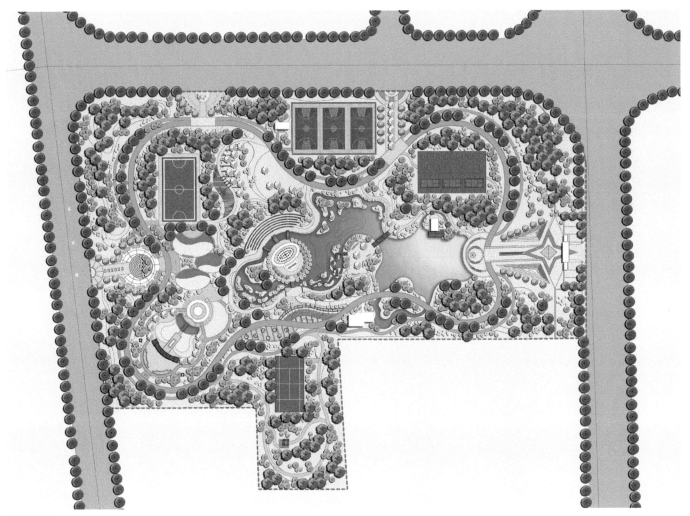

总平面图

16.4.1　道路铺装

园区的道路铺装系统通过整体规划，按照游览路线分为三级，即主环路、慢跑道、游步小道。

主干道宽 4m，作为园区内主要交通要道连接各个功能区，保证车辆的出入，便于交通运输及绿地管理。从生态性方面考虑，道路面层选用透水混凝土，其优点是能让雨水迅速地渗入地表，减轻排水设施的负荷，防止路面积水。

慢跑道宽 2m，道路面层选用红色塑胶地面，为喜爱跑步的人们提供了锻炼的好场所，在葱郁的树荫下，伴随着周边起伏的地形，犹如慢跑在大自然中。

游步小道宽 1.5 ～ 3m，形式多样，路面有青石板的、鹅卵石的、嵌草的，为整个绿地增添了光彩。

16.4.2　广场铺装

广场铺装的设计与整个广场空间的氛围及构筑物相协调，入口区着力打造有视觉冲击力的入口景观形象，

鸟瞰效果图

园区实景照片

园区实景照片：观演广场

通过对比色铺装材料的选用以箭头形式指引人们步入园区，将人们的视线聚焦于尽端活力四射的运动主题雕塑之上，此处的铺装使得广场中的各要素融为一体，具有统一广场整体空间、联系各空间关系的作用。

广场的铺装形式在一定程度上起着界定空间的作用，在中心广场处通过一圈小料石作为分隔条，将雕塑的展示空间与广场其余空间相分割，通过铺装的划分突出了雕塑的主体位置。

广场铺装在材料规格的选择上也尤为重要，一般应大小搭配使用，若全用大规格石材，整个广场则缺少生气，比较呆板；若全用小规格材质，则显得零碎、混乱。一般来说，应以大规格材质为主，小规格材料则选用色彩鲜艳的、视觉对比性强的，作为点缀和收边使用。

16.5 绿化设计

绿化设计以济南本地乡土树种为主，根据植物生物学特性，将乔、灌、地被植物进行有机组合，形成科学、合理的植物群落。配置上遵循易疏不易密、易透不易屏的原则，从景观的整体效果着眼，充分展示植物季相、色相、层次的变化之美。

16.5.1 植物与园路

主要环形路及慢跑道周边，选用冠大荫浓的树种，如国槐、毛白杨、馒头柳、臭椿、合欢等，为锻炼的人们提供林荫跑道。游步小道以林中曲路、花中曲道等形式，通过碧桃、樱花、山杏使游人在花丛中漫步。道路与植物有机地结合，把公园的交通形成一个绿色的网络，既发挥了园路的功能作用，也体现了园林的景观作用。

16.5.2 植物与水面

体育公园的水面自然宜人，静影沉璧，湖岸四周的植物在形态色彩和四季变化上把湖面装饰得更有生气，设计采用"借水拓绿"、"借水生景"的手法，使整个区域产生实有界而似无形之妙。植物采用开朗的群落式配置手法，层次鲜明，富于动感，水与陆地完美结合，给我们展示了多彩多姿的生态美和景观美。岸边选用金丝垂柳为主景树，体现"袅娜纤柳随风舞"的景象，局部穿插水杉为背景树，体现了变化丰富的林冠线。湿地植物采用香蒲等竖线条水生花卉，与开阔水面形成对比。

16.6 驳岸设计

人与水的互动必然与驳岸有关，因此驳岸的设计是水体景观环境设计需要精心考虑的一个方面，在符合技术要求的条件下应具有造型美，并同周围景色协调。本园区驳岸主要采用以下两种方式：

16.6.1 自然型驳岸

自然驳岸是生态驳岸的一种形式，这种驳岸没有做

项目原址照片

任何的修饰，驳岸的材料主要是泥沙和卵石，上面有一些本土的水生植物。其适用于坡度缓的区域，拉近了水与人们的距离，也利于人们接触大自然。通过种植柳树、水杉、菖蒲等具有喜水特性的植物，利用它们生长舒展的发达根系来稳定堤岸，加之其枝叶柔韧，顺应水流，可增强抗洪、护堤的能力。

16.6.2　石砌型驳岸

石砌岸是用天然石块堆砌成的驳岸，本园区采用了规则式和自然式两种。在广场边缘采用规则式，通过石块形成阶梯驳岸，这样易形成空间序列感。滨水步道旁使用自然式石砌岸，景观效果更贴近自然，便于游人开

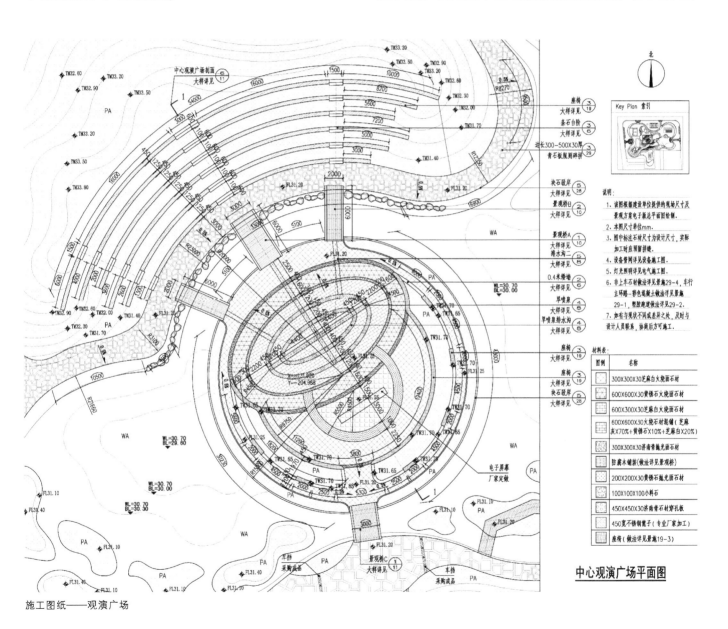

中心观演广场平面图

施工图纸——观演广场

园区实景照片：科普剪影

园区实景照片：慢跑道1

园区实景照片：卵石步道

园区实景照片：主环路

园区实景照片：青石板

园区实景照片：慢跑道2

园区实景照片：入口广场铺装

园区实景照片：广场铺装1

园区实景照片：广场铺装2

园区实景照片：植物与水面

园区实景照片：自然驳岸与不规则石砌驳岸

园区实景照片：规则式石砌驳岸

园区实景照片：木栈道

园区实景照片：木平桥

园区实景照片：钢结构景观桥

园区实景照片：大门

方案模型：公共卫生间

园区实景照片：公共卫生间

园区实景照片：指示牌

展亲水活动。同时石块与石块之间能形成许多空隙，这些空隙既可以种植水生植物，又可以作为水生动物的栖息地，有助于形成一个复合的生态系统。

16.7 步行桥设计

湖面与岸边通过景观桥、木平桥、木栈道多种形式相连，桥体的设计不纯粹以满足功能为目的，它以极大的可塑性、强烈的形体表现力对景观和人们的观感产生着影响。

木平桥及木栈道的设计采用红雪松防腐木，体现生态环保的设计理念，同时丰富的滨水植物掩映其中，人们与清澈的湖水近距离接触，享受自然的乐趣。

景观桥采用钢结构，通过弧形的线条，呈现出一个别样的三维空间，体现园区的现代感。

16.8 完善的配套设施

绿地内不仅为居民创造了优美的绿色空间，还提供了较完善的配套设施。建筑包括兼有门卫、车辆管理功能的大门，园区管理用房及公共卫生间。另外全区设施无障碍化，并设置各类标识，用于指示和导向，并方便科普教育，充分体现以人为本的设计理念。

16.9 结语

天鸿体育公园的景观设计以体育文化为主题特点，将运动体育文化和休闲娱乐融入特有的环境之中，公园以自然式的景观为主，曲折的游步道、开阔的湖面、多层次的植物配置，为小区业主提供一个娱乐健身的好去处，成为小区向外展示实力，体现人文关怀的一个窗口。

天鸿体育公园建成之后我们也看到了它的不足之处，如果湖岸边水生植物再丰富些，滨水木栈道设计再灵巧些，座椅的形式再时尚些，自然驳岸的草坪与水面交接处再巧妙些，背景林再丰满些，一定会对整个园区的景观再增添几分精致，而这些也正是我们今后需要关注和提高的地方。

总之，只有用心去聆听人们的心声，了解人们的需求，才能真正创造出布局合理、功能齐备、方便快捷、环境优美的休闲活动空间，才能让人们在体验优美环境的同时，提高健康水平和文化素养。

17　正大（中国）生态园规划设计

◎ 中科地景规划设计机构

17.1　背景分析

2009 年 5 月，国务院常务会议讨论并原则通过《关于支持福建省加快建设海峡西岸经济区的若干意见》，赋予海西区先行先试政策，从规划布局、项目建设、口岸通关、金融服务、财政税收、区域合作等方面支持和促进海西发展。泉港区位于海西经济区中心地段，是福建省最为重要的港口城区和石化基地，海西经济区发展战略的实施给泉港带来了历史性的新机遇，必将有力推动泉港社会经济文化实现跨越式发展，促进泉港物质文明、精神文明、生态文明跃上一个新台阶。

泉港区确立了建立石化港口新城的城市发展定位《泉港石化港口新城总体规划（调整）（2008 ～ 2020 年）》，将泉港区定位为以石化工业为主导的现代化港口新城，提出东部地区主要发展石化、物流、港口及其配套产业，西部地区主要发展农业和旅游业。东部带动西部的产业发展和人口城镇化，西部为东部提供农副产品，同时西部森林公园成为确保东部环境质量和提供休闲式游憩场所的重要自然资源。经过多年的发展，东部地区规划开发建设已取得了十分显著的成效，规模庞大的现代化石化基地和港口已基本建成，城区迅速扩容。随着东部石化产业的进一步发展，东部对西部的资源和环境依赖程度逐渐增强。因此，尽快启动西部地区的规划建设、增强其

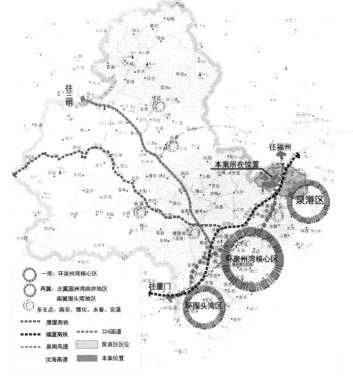

区位图

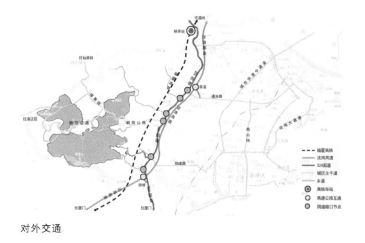

对外交通

资源供给能力和环境保障能力、实现东西部地区的协调发展成为政府和企业的发展共识，一股招商投融资热潮正在西部地区掀起，各种产业形态迎来良好的发展机遇期。2011年受正大集团委托，生态园项目总体规划工作展开。

17.2 项目概况

项目开发的范围包括位于泉港区西部的笔架林场2.3万亩，旗头山林果场（含旗山林场1.3万亩、朝阳茶场800亩）1.38万亩，观音山佛教公园（含樟脚古民居）6800亩，金钟潭自然公园3370亩，宝岛小镇2000亩，总面积约5万亩。项目区现有的自然生态景观、宗教历

现状分析图

史文化旅游资源丰富，具备生态休闲旅游开发的基本条件。

为了与泉港区国民经济和社会发展计划相衔接，旅游发展总体规划期限为 2011~2020 年共计 10 年跨度，分为两个规划阶段。

规划近期：2011~2016 年。

规划中远期：2016~2020 年。

17.3　SWOT 分析

17.3.1　优势与劣势

（1）优势

1）区位优势明显

规划区位于泉港区西北部涂岭镇，324 国道、福厦高速公路、高速铁路都从境内穿过，高速公路的涂岭、驿坂两个出口也都在区内，道路通达性好。

2）经济优势夯实

正大生态园项目由正大（泉州）投资有限公司投资建设。正大（泉州）投资有限公司是福建正大集团有限公司的子公司，企业实力雄厚，目前拥有资产总额 18 亿元人民币，年产值可达 25 亿元。从投资方企业分析看，投资方雄厚的经济实力为其项目快速、稳定、持续发展奠定了坚实的基础。

此外，项目区所在的泉港区是著名的侨乡和台胞祖籍地之一，共有旅居海内外的华侨、华人和港澳台同胞 37 万多人，他们将是本项目重要的投资者和客户群。

3）旅游资源丰富

《泉港西部生态旅游区总体规划》资源普查统计规划区内共有旅游资源 34 处（含 3 个亚类）中，正大生态园分布 13 处，占 38.2%。通过规划调查小组及行业专家共同打分法，从资源要素价值、资源影响力以及观赏游憩使用价值、历史文化科学艺术价值等方面进行资源等级评分，整个西部区域内评为 4 级资

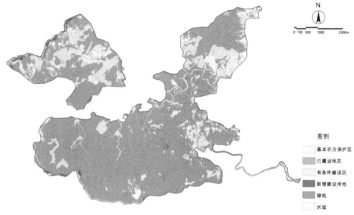

土地利用现状图

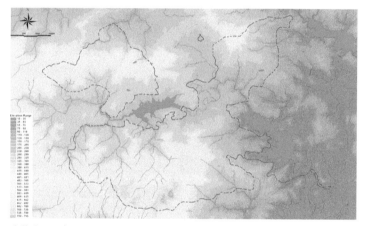

海拔高程分析图

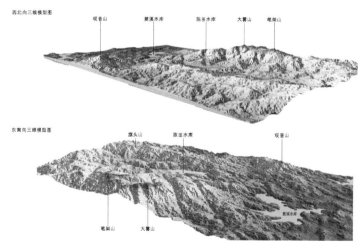

现状场地 GIS 三维模型图

源的有 5 个景点（最高级，5 级资源缺失），园区内分布有 4 个，分别是观音山、笔架山、金钟潭、樟脚古民居。由此可以看出，正大生态园规划区生态旅游资源较为丰富，质量较高，总体上属优良水平，这为该区域开发生态休闲旅游提供了良好的资源基础。

4）生态环境优美

规划区空气负离子含量高，区内分布有大量能释放对人体健康有益的精气的植物。这些优良的生态保健资源为该区域开展生态休闲旅游提供了重要的环境资源基础。

规划区域空气质量

序号	测点名	正离子数（个/cm³）	负离子数（个/cm³）	单极系数（Q）	安倍空气质量评价指数 CI
1	笔架山山底	1220	1300	0.94	1.38
2	笔架山山顶	2680	4500	0.60	7.50
3	笔架山山腰	2200	4200	0.52	8.08
4	笔架山林场山腰	1380	1900	0.73	2.60
5	笔架山林场黑缸潭	3920	11600	0.34	34.12
6	笔架山险宫	4990	8200	0.61	13.44
7	泉港区政府门口	1390	550	2.53	0.22
8	泉港港务局	1310	450	2.91	0.15
9	天马山	1610	1560	1.03	1.51
10	金钟潭下游 100m 处小溪边	4400	8200	0.54	15.19
11	金钟潭下游 30m 处的岩石上	4050	13500	0.30	5.00
12	金钟潭下方	4880	20500	0.24	85.42
13	泉州市少林寺前东岳前街路口	1210	470	2.57	0.18

（2）劣势

1）旅游业发展滞后

总体上来看，目前泉港区的旅游业发展还处在起步阶段，大部分景点还未进行规划开发，宾馆酒店档次也较低，休闲、娱乐、商务功能较弱，旅行社也主要是组团外出，接团功能不强，交通方面还无的士服务，无直达主要景区的公共交通。游客基本上为自助游散客，很少有团队游客。

2）周边项目品质弱，无法形成区域联动

泉港区旅游资源内容丰富，处处有山，村村建庙，但是每一种资源都给人似曾相识之感，与周边旅游资源同质化现象严重。项目区周边已开发的项目配套不完善，档次低，游客少，无法与市场需求对接。

3）森林植被缺乏经营管理

规划区内森林植被经营管理不到位。规划区域农林联合，农房散布林中，农户烧茶做饭多烧柴火，稍有不慎，住宅失火易引发森林火灾。近年来，区内林地因林管人员匮乏，枯枝落叶等地被物缺乏清理，越来越厚，遇高温干燥天气易自燃，由此增加了森林火险等级。此外由于林管人员匮乏，盗伐、盗猎现象时有发生，给林区动物、植物资源造成破坏和伤害。

17.3.2　机遇与挑战

（1）机遇

1）政策机遇期为项目开发提供强有力的保障

国家建设海西经济区和海西旅游区，为泉港西部的保护与旅游发展提供了良好的机遇。《泉港区西部生态旅游区总体规划》成果的编制，为西部地区进行生态保护和旅游发展明确了发展目标和方向，为正大生态园规划建设提供了强有力的保障。

2）两岸合作深入展开，助推项目开发建设

闽台两地一衣带水，地缘相近、血缘相亲、文缘相承、商缘相连、法缘相循。福建和台湾地缘相近（福建是祖国大陆离台湾最近的省份）。闽台五缘相通有利于两岸交流发展，大陆和台湾地区"大三通"的实现，迎来了海西经济发展的新契机，闽台交流合作逐步由单向到双向、由点到面，在多层次、多领域全面展开。泉港作为著名的侨乡，能够为本项目的开发创造新空间、新动力和新机遇。

（2）挑战

1）区域内生态干扰和环境影响压力加大

一是随着福炼一体化项目的继续扩产及城市交通工具的增加，废气排量持续增加，城区空气质量呈逐年下降趋势，环境压力越来越大；二是巨桉的大量种植对林区土地安全构成威胁；三是石场、矿场的滥开滥采对山林景观产生严重破坏；四是库区周边散乱养殖场对水库水质形成局部污染；五是村落建设用地快速增长对基本农田形成侵占；六是村落公共卫生条件较差，有待改善。

2）知名品牌屏蔽作用明显

规划区域周边分布着众多重量级的旅游产品，比如武夷山世界文化与自然双遗产、泰宁丹霞世界自然遗产、厦门鼓浪屿、三明大金湖、宁德太姥山，这些都是福建省内乃至国内外知名的旅游产品。还有很多景区、景点正在开发，这些产品将给本项目的发展带来巨大压力。

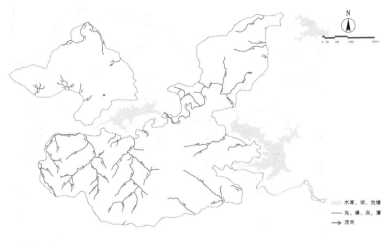

现状水系

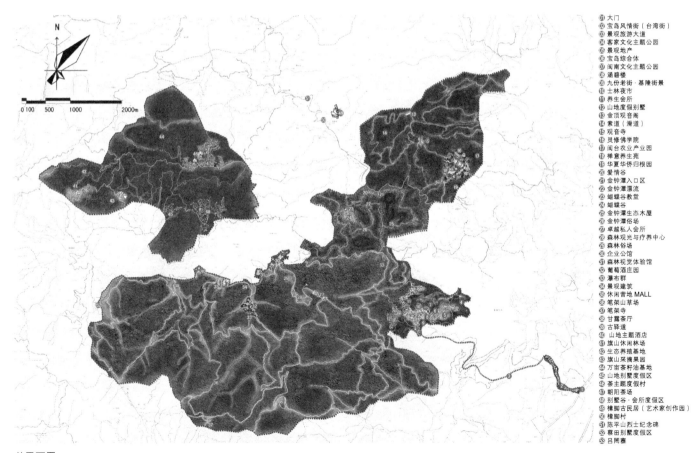

⑩ 大门
⑫ 宝岛风情街（台湾街）
⑬ 景观旅游大道
⑭ 客家文化主题公园
⑮ 景观地产
⑯ 宝岛综合体
⑰ 闽南文化主题公园
⑱ 涵碧楼
⑲ 九份老街·基隆街景
⑩ 士林夜市
⑪ 养生会所
⑫ 山地度假别墅
⑬ 金顶观音阁
⑭ 索道（滑道）
⑮ 观音寺
⑯ 灵修佛学院
⑰ 闽台农业产业园
⑱ 禅意养生苑
⑲ 华侨华侨归根园
⑳ 爱情谷
㉑ 金钟潭入口区
㉒ 金钟潭漂流
㉓ 蝴蝶谷教堂
㉔ 蝴蝶谷
㉕ 金钟潭生态木屋
㉖ 金钟潭俗场
㉗ 卓越私人会所
㉘ 森林观光与疗养中心
㉙ 森林俗场
㉚ 企业公馆
㉛ 森林视觉体验馆
㉜ 葡萄酒庄园
㉝ 瀑布群
㉞ 景观建筑
㉟ 休闲营地 MALL
㊱ 笔架山草场
㊲ 笔架寺
㊳ 甘露茶厅
㊴ 古驿道
㊵ 山地主题酒店
㊶ 旗山休闲林场
㊷ 生态养殖基地
㊸ 旗山采摘果园
㊹ 万亩茶籽油基地
㊺ 山地别墅度假区
㊻ 茶主题度假村
㊼ 朝阳茶场
㊽ 别墅谷·会所度假区
㊾ 樟脚古民居（艺术家创作园）
㊿ 樟脚村
51 陈平山烈士纪念碑
52 蔡田别墅度假区
53 吕冈寨

总平面图

17.3 规划思路与定位

17.3.1 总体目标

项目总体定位及发展目标在整合项目区内的自然生态景观、宗教历史文化旅游等资源的基础上，打造成集农业观光、生态体验、宗教朝觐、养生度假、康体健身、文化熏陶、休闲购物居住等功能于一体的国家级旅游度假区，并计划 10 年内将景区建设成为福建地区首选的健康旅游目的地、国家级生态旅游示范区。

17.3.2 规划思路

以生态、文化、休闲为三大主线，打造特色园区项目和品牌，开发山水观光、休闲度假、文化体验、康体养生、山地运动、商务会展六大类旅游产品。

17.3.3 功能定位

根据项目区的资源赋存及开发潜力，可将规划区的功能确定为：观光（自然观光）、休闲度假、文化体验（闽台文化、观音文化休闲）、会议接待（会务会议）、节事活动。

17.4 空间布局与旅游产品线路设计

17.4.1 空间布局

按照国家 5A 级旅游景区建设验收的标准要求，进行项目空间安排和分区，并基于生态旅游资源与产业发展格局，以闽台文化为灵魂，以"生态·文化·休闲"为主题，以多元化旅游项目和产品为目标构建"一体两翼六区"空间体系。

一体：以宝岛小镇构成产业园发展核心，成为集台湾

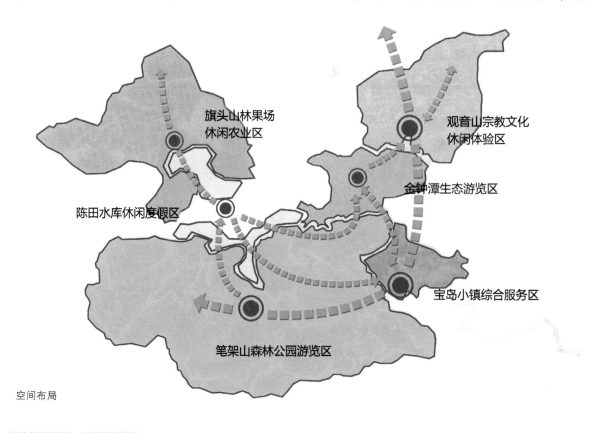

空间布局

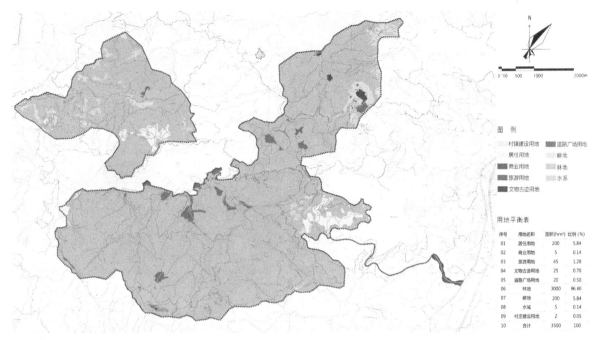

图 例

村镇建设用地　　道路广场用地
居住用地　　　　耕地
商业用地　　　　林地
旅游用地　　　　水系
文物古迹用地

用地平衡表

序号	用地名称	面积(hm²)	比例 (%)
01	居住用地	200	5.84
02	商业用地	5	0.14
03	旅游用地	45	1.28
04	文物古迹用地	25	0.70
05	道路广场用地	20	0.50
06	林地	3000	86.60
07	耕地	200	5.84
08	水域	5	0.14
09	村庄建设用地	2	0.05
10	合计	3500	100

土地利用规划图

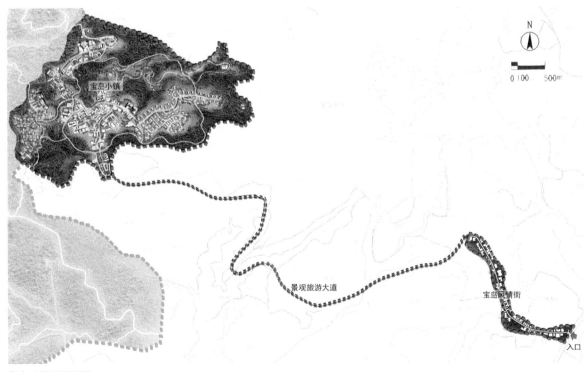

宝岛小镇区平面图

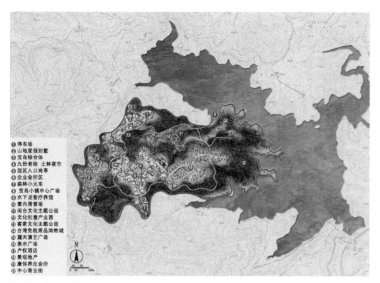

主题文化体验、山水休闲度假为一体的中央休闲游憩核,从而带动观音山、笔架山两翼产业发展。

两翼:以观音山、笔架山为依托,形成产业园区发展的左右两翼,形成大鹏展翅的发展格局和态势。

六区:分别以山水为背景,形成宝岛小镇综合服务区、笔架山森林公园游览区、观音山宗教文化休闲体验区、陈田水库休闲度假区、金钟潭生态游览区、旗头山林果场休闲农业区。

宝岛小镇平面图

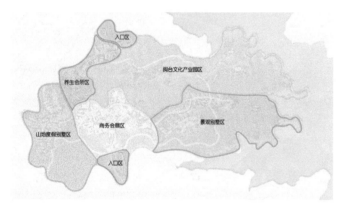

功能分区

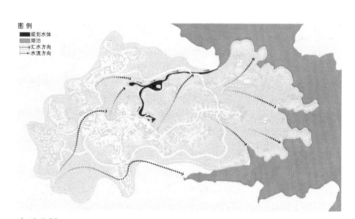

水系分析

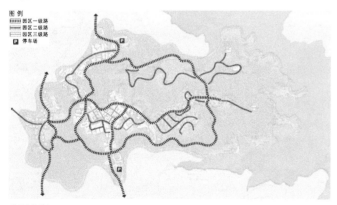

交通分析

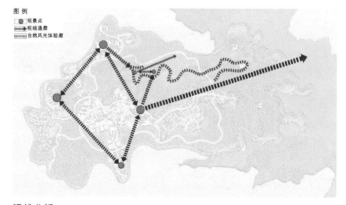

视线分析

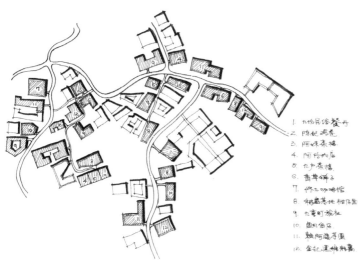

1. 九份民俗餐厅
2. 陈妈鸡卷
3. 阿珠茶楼
4. 阿伦肉居
5. 九户茶摄
6. 香草铺子
7. 修九咖啡馆
8. 积善基地柚香社
9. 九旁町捡社
10. 鱼虾但足
11. 赖阿婆芋圆
12. 金记涠椰酥酪

小镇商业街

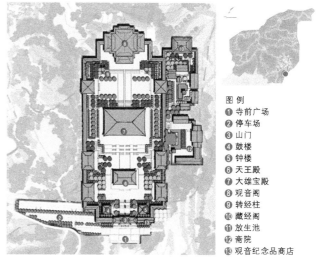

观音禅院

图例
① 寺前广场
② 停车场
③ 山门
④ 鼓楼
⑤ 钟楼
⑥ 天王殿
⑦ 大雄宝殿
⑧ 观音阁
⑨ 转经柱
⑩ 藏经阁
⑪ 放生池
⑫ 斋院
⑬ 观音纪念品商店

17.4.2 旅游产品线路设计

（1）专项主题线路设计

1）生态游产品线路设计

园区大门—菱溪水库滨水休闲带—笔架山森林浴场—笔架山风景摄影基地—金钟潭蝴蝶谷—金钟潭浴场—金钟潭生态游览步道—森林视觉体验馆—中草药基地—树屋—万亩茶籽油基地—旗山休闲林场—生态养殖基地—旗山采摘果园—朝阳茶场—闽台创意农业产业园。

2）文化游产品线路设计

台湾街—闽台文化主题公园—文化创意产业园—客家文化主题公园—笔架寺—闽台创意农业产业园—华夏华侨归根园—灵修佛学院—观音文化苑—观音禅院—观音寺—金顶观音阁—樟脚古民居（艺术家创作园）。

3）康体休闲产品线路设计

台湾街—士林夜市—宝岛综合体—涵碧楼—水下龙宫疗养馆—室内滑雪场—台湾免税商品购物城—露天演艺广场—山地度假别墅—产权酒店—阿里山森林小火车—卓越私人会所—企业公馆—葡萄酒庄园—森林观光与疗养中心—甘露茶厅—景观建筑—休闲营地MALL—虎西林别墅谷—茶主题度假村—爱情谷—蝴蝶谷—金钟潭

漂流—金钟潭生态木屋—山水餐吧—禅意养生苑—樟脚乡村旅游示范村。

（2）游程线路设计

1）一日游产品线路设计

园区大门—台湾街—九份老街·基隆街景——士林夜市—露天演艺广场—室内滑雪场—闽台文化主题公园—文化创意产业园—客家文化主题公园—台湾免税商品购物城—宝岛综合体—涵碧楼—水下龙宫疗养馆—产权酒店—山地度假别墅—景观地产—阿里山森林小火车。

金钟潭爱情谷—蝴蝶谷—蝴蝶谷度假庄园—蝴蝶谷教堂—金钟潭漂流—金钟潭生态木屋—樟脚乡村旅游示范村—樟脚古民居（艺术家创作园）—陈平山烈士纪念碑。

闽台创意农业产业园—华夏华侨归根园—灵修佛学院—观音文化苑—观音禅院—观音寺—金顶观音阁—索道（滑道）—樟脚村。

驿板村—笔架寺森林观光与疗养中心—企业公馆—葡萄酒庄园—甘露茶厅—树屋—景观建筑—休闲营地MALL—湖心会所。

2）二日游产品线路设计

驿板村—笔架寺森林观光与疗养中心—企业公馆—葡萄酒庄园—甘露茶厅—树屋—景观建筑—休闲营地

MALL—湖心会所—万亩茶籽油基地—旗山休闲林场—生态养殖基地—旗山采摘果园—朝阳茶场—茶主题度假村—樟脚村。

金钟潭爱情谷—蝴蝶谷—蝴蝶谷度假庄园—蝴蝶谷教堂—金钟潭漂流—金钟潭生态木屋—索道（滑道）—金顶观音阁—观音寺—观音禅院—观音文化苑—灵修佛学院—华夏华侨归根园—闽台创意农业产业园。

台湾街—九份老街·基隆街景—士林夜市—露天演艺广场—室内滑雪场—闽台文化主题公园—文化创意产业园—客家文化主题公园—台湾免税商品购物城—宝岛综合体—涵碧楼—水下龙宫疗养馆—产权酒店—山地度假别墅—景观地产—阿里山森林小火车—三青生态园—闽台创

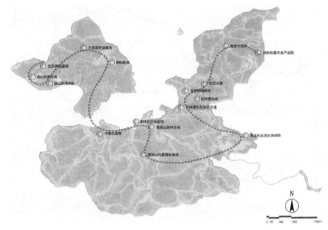

项目布局图1（生态主线）

金钟潭生态游览区规划项目——蝴蝶谷效果图

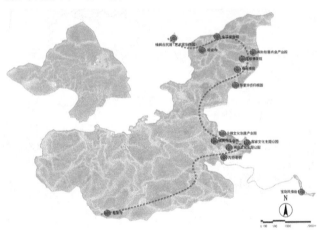

项目布局图2（文化主线）

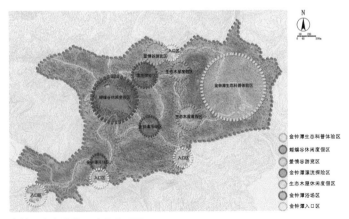

金钟潭生态游览区功能分区图

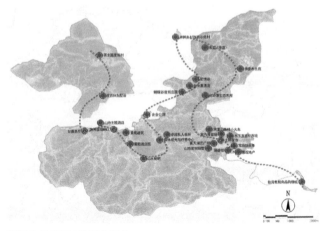

项目布局图三（休闲主线）

交通体系规划图

一级道路
二级道路
三级道路
停车场

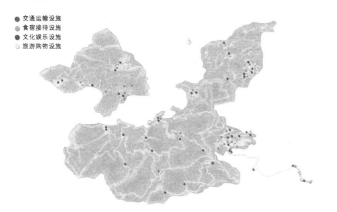

● 交通运输设施
● 食宿接待设施
● 文化娱乐设施
○ 旅游购物设施

旅游服务设施规划

意农业产业园—华夏华侨归根园—灵修佛学院—观音文化苑—观音禅院—观音寺—金顶观音阁—索道（滑道）。

3）多日游产品线路设计

园区大门—台湾街—九份老街·基隆街景—士林夜市—露天演艺广场—室内滑雪场—闽台文化主题公园—文化创意产业园—客家文化主题公园—台湾免税商品购物城—宝岛综合体—涵碧楼—水下龙宫疗养馆—产权酒店—山地度假别墅—景观地产—阿里山森林小火车—企业公馆—葡萄酒庄园—甘露茶厅—树屋—景观建筑—休闲营地MALL—湖心会所—金钟潭爱情谷—蝴蝶谷—蝴蝶谷度假庄园—蝴蝶谷教堂—金钟潭漂流—金钟潭生态木屋—樟脚乡村旅游示范村—樟脚古民居（艺术家创作园）—陈平山烈士纪念碑。

闽台创意农业产业园—华夏华侨归根园—灵修佛学院—观音文化苑—观音禅院—观音寺—金顶观音阁—索道（滑道）—樟脚村—金钟潭爱情谷—蝴蝶谷—蝴蝶谷度假庄园—蝴蝶谷教堂—金钟潭漂流—金钟潭生态木屋—企业公馆—葡萄酒庄园—甘露茶厅—树屋—景观建筑—休闲营地MALL—湖心会所—阿里山森林小火车—水下龙宫疗养馆—涵碧楼—客家文化主题公园—文化创意产业园—闽台文化主题公园—室内滑雪场—士林夜市—九份老街·基隆街景—台湾街。

一日游产品线路设计 ••••••••
二日游产品线路设计 ••••••••
三日游产品线路设计 ••••••••

游线组织规划1

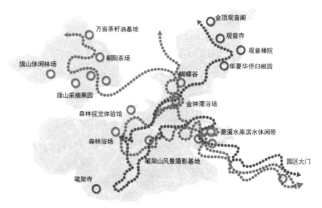

文化游产品线路 •••••••• 生态游产品线路 •••••••• 康体休闲产品线路 ••••••••

游线组织规划2

18 江苏省张家港市购物公园设计

◎ 老圃（上海）景观建筑工程咨询有限公司

18.1 自然环境分析

18.1.1 基地位置分析

本案位于张家港市杨舍城区城西新区核心地段。距离市中心 2km。西侧为百桥路，东侧为国泰路，南侧为沙洲西路，北侧邻大寨河。作为城市西区的新商业中心，具有先天的区位优势。

18.1.2 气候分析

张家港市属北亚热带南部湿润性气候区，气候温和，四季分明，雨水充沛，年平均气温 15.2℃，最高气温 38℃，最低气温 1.42℃。适宜种植长江中下游地区的大部分植物。

18.1.3 水文分析

张家港全境地势平坦，河港纵横，有大小河道 6033 条，总长 4477.3km，平均每 $1km^2$ 陆地有河道 5.71km。因此，在本案的设计过程中，我们将巧妙地添加水景，不但提升购物公园的档次品味，也有效烘托整体商业气氛，并与张家港的城市肌理相吻合。

18.2 人文资源分析

18.2.1 城市定位

本案所隶属的杨舍城区，是张家港市行政、经济、文化中心。该城区将发展成为自然环境优美、文化艺术气息浓郁、人与自然高度和谐、适宜人居的城市。

18.2.2 历史文脉

张家港市历史悠久，境内有"三山一苑"（双山、香山、凤凰山、东渡苑），这些山、水、岛、寺、址，构成了张家港市灿烂的历史文化和开发风景旅游资源的优越条件，也是张家港购物公园景观设计中，文化符号的重要组成部分。

18.2.3 港口文化

水陆交界，空间变换、交错的港境特质。

新事物的接收与传播的场所，产生多元文化，友善、热情、包容的特质。

人流货物集散交换的场地，充满新奇与惊喜，展示与欣赏并存的地方。

18.3 基地现状分析

本案地块方正，地势平坦，建筑形式独具特色，有利于为市民打造一个空间独特、景色宜人、环境舒适的休闲购物空间。

北侧规划河道水网留存基地内部，有利于改造成符合购物公园主题的水景元素。

基地内建筑框架已初具规模，既有建筑风格多样且形式前卫。

因此，在我们所设计的景观方案中，着力使景观对建筑起到烘托和过渡作用，在变化中取得协调，创建和谐景观，避免因建筑形式多变而显得相形杂乱。

18.4　功能分区

18.4.1　入口广场区

主入口位于基地南侧，此处设计了一个椭圆形的水池，从平面上看又像是一颗璀璨的宝石嵌在购物公园内；水池的上方耸立着一些代表性的雕塑，中心涌泉搭配雕塑小品，表达出欢快、跳跃的气氛。

西侧配设入口意象雕塑，以强烈的色彩突显现代感，并以丰富有趣的形式，暗示着购物公园的丰饶与休闲的愉悦。

东西入口是园区的主要车行出入口，作为城市道路与公园的缓冲地带，既是进入园区的必经之处，又可为路人提供休憩空间。

18.4.2　塔楼景观休闲区

该区景观特色结合园区地标建筑——高耸的灯塔、

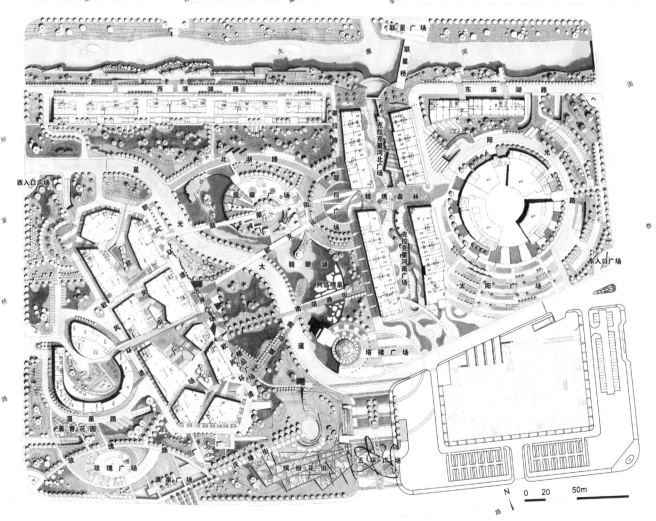

总平面图

日景 鸟瞰

夜景 - 大鸟瞰

特色的球体展开，是整个园区观景的最佳区域，在"看与被看"的角色中转换自如。

18.4.3　生态水岸休闲区

生态水岸休闲区位于以娱乐、商务、社交为主的欧陆风情街东面，该区以曲折有致的水体为核心，周围以堤、栈桥等景观元素围绕。

该区交通设施便利，布局紧凑，张弛有度，搭配各种形态的水体表现形式（如喷水、水雾等），满足市民戏水、钓鱼、野餐和观赏等多种功能需求。

18.4.4　康乐健身体验区

康乐健身体验区紧邻克拉广场，利用原有水域和周边交通设施，设置儿童游戏场和老年人活动场所，并对场地进行铺装分割，设置台阶，形成丰富的地形高差，扩大活动空间，创造不同的视觉效果。

18.4.5　自然休闲区

该区为西入口的对景区，紧邻高级住宅区，采用大面积的绿化种植，丰富的花灌木将住宅区与繁华的商业区隔离开，力图保持住宅区环境的宁静。

采用多种富有特色的乡土树种，点植姿态优美的孤植景观树，形成疏林草地，植物层次丰富，让人们在都市中体验到大自然的亲切。

18.4.6　滨水景观区

该区利用天然的水域，设置水上活动设施，布置大型的亲水活动场所，或点缀大型天然溪石，或局部设置戏水台阶，营造出独具特色的滨水活动空间。为人提供接触自然水岸的开放空间，体现人与自然的和谐关系。

18.4.7　草坡地景区

该区域以绿为主，结合缓坡草坪，提供一些临时性展示空间。多处利用地形造景，达到步移景异的景观效果。

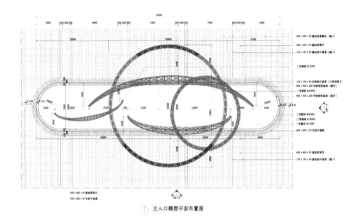

主入口雕塑平面图布置图

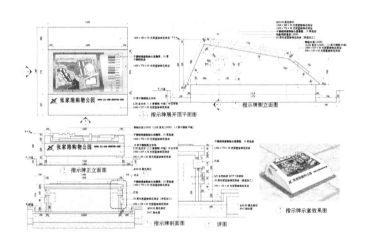

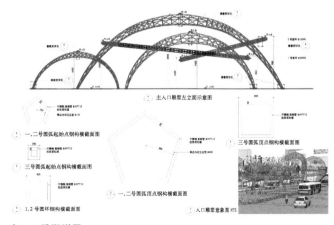

主入口雕塑详图

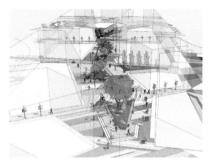

东入口

东入口广场

克拉景观

入口夜景

翡翠广景

克拉景观·夜景

入口透视

入口

种植大面积的乡土树种，力求达到"三季有花，四季有景"，体现自然生态群落景观。

18.4.8　温泉酒店区

温泉酒店为休憩交流之所，宜优雅安静。于建筑露天庭院内，精心置放水景两处，并架构木质栈台与水岸相接，使人们可在此一边休闲聊天，一边品茗赏景。

植物种类以水生植物和乔木为主，灌木、草花相结合，组成复式生态景观，让人们在健身之余又能体验自然景观。

18.4.9　欧陆风情商业区

欧陆风情商业区的建筑风格是该区的亮点，结合其明确的商业定位，该区域景观设计简洁却不失优雅，景石、树阵结合大面积暖灰色调铺装，凸现此区域高档购物区的特色。

18.4.10　克拉商业区

与欧陆风情商业街有所不同，该区域采用自然流畅、蜿蜒有趣的铺装形式，并结合各种形式的水体，为购物的人们提供一个富有动态景观序列的购物休闲空间。

18.4.11　太阳广场商业区

结合建筑规划特色，此处以大量植物种植为主，将不同季相的植物有机排列，形成形似太阳光芒的放射状图案。

特色花灌木结合各种大中小型常绿乔木、地被植物，体现自然生态群落景观，创造一个和谐安静的小气候。

19　北京市永定河休闲森林公园设计方案

◎ 北京市园林古建设计研究院

19.1　项目概况

19.1.1　项目区位

本项目位于北京西南部，永定河畔北岸，石景山区与丰台区交界处。

19.1.2　项目背景

本项目是永定河水岸经济带与生态发展带核心段落上的重要节点。随着永定河综合发展带及生态走廊的逐步建设，当地急需一个生态示范项目引导项目所在区域整体环境的建设。作为园博园的辐射区，要做到为园博园提供交通及后勤支持，在景观上与园博园相互辉映，形成对景。

19.1.3　现状概况

公园西北临莲石湖，南接园博湖，北靠金隅燕山水泥厂保障性住房项目。总建设面积为121hm²，包括总面积为30hm²的两块预留湿地。

场地原为苗圃地，苗木量丰富，但树种较为单一；

有废弃钢渣小铁路一条，铁轨和枕木皆保存良好；周边交通便利，有莲石西路、京原路、卢沟新桥路等多条城市主干道及巡堤路环绕四周。场地内有高压塔、天然气管道、铁道信号线，东部为砂石坑，铁路从中间穿过，其东侧为驻桥部队。桥北段为高填方段，南端为架空段。

19.2　设计策略

19.2.1　文化的传承与创新

永定河是北京的母亲河，其冲积扇造就了北京的"小平原"，孕育了北京城的母体文化，形成了北京"三千年城建史,八百年建都史"的丰厚城市文化,是北京城的"根"和"魂"。

本次设计运用新中式景观设计手法，以源远流长的北京城文化为出发点，融入现代设计语言，同时在自然景观中加入永定河的文化要素，通过整合人、城市、河流的关系，达到人与自然和谐共生，城市与河流的和谐。

项目区位图

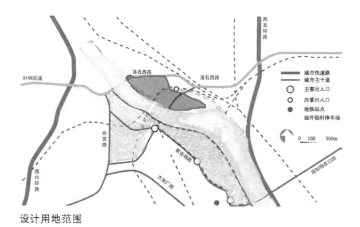

设计用地范围

19.2.2 秉承绿色环保理念

本项目着重关注改善场地苗圃现状，尽量保留现状植物，变"荒"为"绿"，选用管理粗放、适应性强的乡土植物。在竖向设计上尊重并巧妙利用原有场地的特点，减少场地改变及施工过程中不必要的人力、财力的损耗。在可循环材料的应用上进行探索，利用首钢废弃钢轨改

主门区索引

主门区平面

建成一条滨水火车游览线。并且注重材料的选择与运用，在设计中广泛应用节水、节能的新技术和新材料，如透水地面铺装材料。同时利用地形上的高差，广场地面的雨水经渗透铺装等雨水收集系统排放到水系生态湿地，水系边缘栽植水生植物和湿生植物，利用植物根系的过滤、吸附，流入湖中补充湖水，同时湿地也增添了湖体的自然之美。

19.3 整体景观设计思路

该绿地定位为城市公园绿地，为市民提供活动场所。设计本着"人与自然相互融合"的设计理念，充分发挥绿地的生态和服务功能，努力创造自然、宁静、愉悦的休憩环境。整体设计因地制宜，遵循"美观、合理、经济"的原则。

永定河休闲森林公园是与园博园交相辉映的休闲公园，具有"两核"、"一带"、"多点"的景观格局。

"一带"以现状钢渣线为线索，串联起多个小火车站点，沿途体验永定文化，观赏水线风景。"两核"为两大广场，构成整个公园点睛之笔，主门区广场和永定河文化广场各有侧重。"多点"式的林下休闲广场为市民提供优良的活动空间，利于开展各类休闲活动。

19.4 分区设计

19.4.1 主门区

主门区位于公园西北角，占地面积 $4hm^2$。主门区设有景观标识，为园区和园博园提供人流集散场所及配套服务设施，并且观光小火车的起点。

（1）镇水牛雕塑

主入口广场设置水牛雕塑小品，周围设置小喷泉，模仿洪涝来临时的"报警器"，当洪水暴涨的时候，水流冲进铁牛嘴里，能发出"嗡嗡"的吼叫声，人们一听见"牛叫"，就开始准备防洪。

（2）十八蹬景墙

设计中考虑到门区现状条件较为复杂，附近高架桥对门区景观标识有较大影响，主景通过拉开视距、抬高基座等手法，设计9m高十八蹬景墙，十八蹬由花岗岩条石垒砌而成，条石厚达半米，形成了十八层斜坡状的阶梯，象征历史上永定河十八蹬防汛工程石墙。

（3）大型水景雕刻

设计采用长35m、宽8m的弧形花岗岩雕刻国画长卷《京西河山颂》，与永定河文化博物馆的主题展相呼应，展示灿烂的永定河水域文化。

（4）小火车起点

该站点作为小火车的起始点。建筑形式为新中式建筑，外立面上以永定河起源题材壁画作为装饰，壁画长2.5m、宽1.8m，服务建筑，满足售票、问询等多种功能。站点广场设置廊架，满足游人休憩需求。

19.4.2 滨河风景区

滨河风景区位于公园南部，占地面积2.7hm²。相隔莲石湖、园博湖与园博园遥相呼应，互为对景。园博会举办时，通过漫水路的连接，预计将有大量游人通过文化公园进入园博园。

（1）观光小火车游览线

公园将首钢钢渣铁路线改造为观光车道，并引进"永定号"仿古蒸汽观光小火车。观光小火车共设四大站点：起点站—园博站—文化广场站—终点站。火车线行程约2.3km，设计上约450m设置一个站点。火车时速为12km/h。除了起点、复兴（联通园博园漫水路）、终点这三个站点火车停靠时间为10分钟外，其他规划火车停靠时间为3分钟，火车在站点之间各运行3分钟。整个行程约需要40分钟。每个站点都配置一服务建筑，其中起点站的钟楼起到报时和提醒列车发车时间的作用，园博站设有二层眺望平台，游客可登台观赏园博湖和园博园美景。

（2）柳堤水岸

通过种植垂柳体现亲水特色，形成一条视线通透的

镇水牛雕塑实景

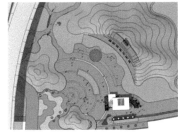

十八蹬景墙实景

大型水景雕塑实景

小火车起点

滨河风景区

小火车游览线

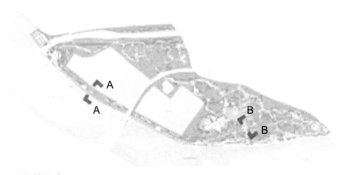

种植结构索引

柳堤，既可从园博园远眺长堤，亦可穿行河畔，形成不同的景观空间。为达到视线的通透，柳堤水岸分段种植，A—A段堤岸种植大规格垂柳，坡面种植春季开花的草花地被，突出春季景观。B—B段种植大面积混交林，营造景观优美的生态休闲场所。

（3）人文风景线

以永定河发展为脉络，串联起6个火车站点，沿途用景观小品讲述永定河历史。在铁轨北侧沿途分布的六个休闲广场上分别布置了雕塑作品。这些雕塑作品以永定河上的神话传说为创作背景，讲述了永定河居民治理河道、与自然和谐共生的生动故事。

站点广场上的服务建筑、钟楼和花架小品皆融入了永定河的文化与传说。在花架和广场地面上，采用浮雕、地雕的形式，雕刻与永定河有关的著名字画和永定河传说故事。其中服务建筑和花架立面采用仿古砖装饰，钟楼下配有火车行程时刻表，整体风格为新中式风格。

19.4.3　生态休闲区

生态休闲区面积45.3hm²，位于公园东部，是公园东侧核心区域。

（1）永定河文化广场

该区以永定河历史文化为主线，广场南部为现状砂石坑，改造为洼地，用于收集文化广场雨水，周边种植耐水湿观花植物。在平衡全园地势的基础上在此处堆土形成高台，向南远眺园博园与鹰山国家森林公园。

（2）永定河纪念碑

为了纪念永定河，同时与园博园永定塔呼应，在文化广场北建造永定河纪念碑，形式与永定门外燕墩石碑相仿。石碑材料为汉白玉，正面雕刻"永定河纪念碑"。

（3）海棠溪谷

此处原为8m深砂石坑，设计因地制宜，将现状地形梳理后形成一处地势微缓的谷底。谷内栽植了西府海棠、垂丝海棠、贴梗海棠、八棱海棠、北美海棠等5个品种的海棠，另植有碧桃、山桃等开花植物，花期之时与谷底湿生植物共同组成一幅海棠溪谷美景。

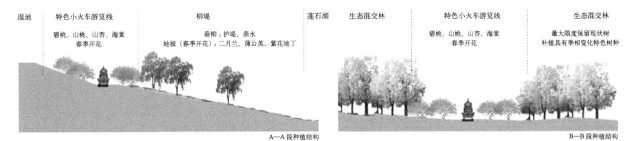

| 湿地 | 特色小火车游览线 | | 柳堤 | | 莲石湖 | 生态混交林 | 特色小火车游览线 | 生态混交林 |
| 碧桃、山桃、山杏、海棠
春季开花 | | 垂柳：护堤、亲水
地被（春季开花）：二月兰、蒲公英、紫花地丁 | | | 碧桃、山桃、山杏、海棠
春季开花 | 最大限度保留现状树
补植具有季相变化特色树种 |

A—A 段种植结构

B—B 段种植结构

堤岸种植分段种植结构图

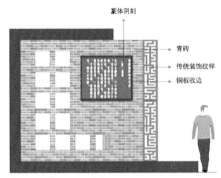

篆体阴刻

青砖
传统装饰纹样
铜板收边

人文景观线小品

1.2m

1.2m

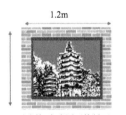

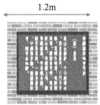

以潭柘寺为原型的版画

描述永定河的著名诗词

人文风景线设计图及实景

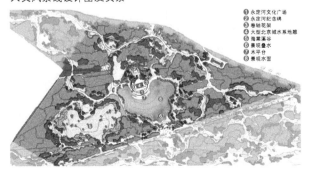

① 永定河文化广场
② 永定河纪念碑
③ 卷轴花架
④ 大型北京城水系地雕
⑤ 海棠溪谷
⑥ 景观叠水
⑦ 木平台
⑧ 景观水面

生态休闲区平面

文化广场节点图

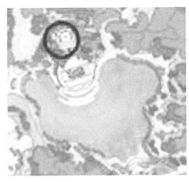
纪念碑索引图

纪念碑实景

海棠谷效果图

19.5　种植规划

19.5.1　种植规划原则

（1）以落叶乔木为骨干树种，花灌木为基调，点种常绿树及花卉。

（2）注重生物多样性，确保三季有花，四季常青。

（3）分区形成特色植物组团，强化地域和文化特色。

19.5.2　种植特色

现状苗圃林木经过调整种植结构，分区、分特色种植。

（1）密林化种植区：种植大量乡土落叶乔木；保留生长状况良好的现状乔木；补植、加植花灌木，调整平直的林冠线。

（2）田园化种植区：利用现有地形整理为疏林草地区，以种植林下草花地被为主，突出春夏景观，体现田园野趣。

（3）园林化种植区：营造彩叶植物群落、观花植物群落、疏林草地群落，形成园林化多姿多彩的混交林。在主门区、主广场、小火车沿线体现三种不同风格种植特色。永定河文化广场周边种植彩叶植物，突出植物不同季相变化。文化广场以南至园博湖中间地带，考虑借园博湖、园博园之景，留出透景线，设计为疏林草地。小火车沿线区域亲水性强，种植垂柳和观花植物体现春花特色。

20　湖北省当阳市长坂坡公园设计方案

◎ 北京市园林古建设计研究院

20.1　现状概况

当阳市位于湖北省的中部地区，由西向东分别被荆门、宜昌、荆州三市包围，自古以来是我国的南北交通干线必经之路，古三国时长坂坡之战发生于此。

长坂坡公园基址位于当阳市中心城区内，地处关龄大道、长坂路及端直街三条道路的交会处。公园位于城市腹地，为城市的核心区域，区位优势极为明显重要，周边主要为商业与居住用地，当地急需一处既能体现当阳历史文化特色又能兼顾城市公共休闲活动的场地。

公园在原有的基础上改造与扩建。总设计占地面积为 30800m²。整体由两部分组成——原长坂坡遗址公园与已扩建区域（包含加油站）。公园整体高差较大，原基址公园与扩建范围区域高差将近 10m，形成南侧一面高、三面低的地理格局。由于坡堤损坏较为严重，急需山体整治，根据现状条件，需更好地梳理现有地形，从而成为园区内良好的景观资源。

20.2　设计策略

20.2.1　文化——"子龙精神"、"三国文化"

血染征袍透甲红，当阳谁敢与争锋！古来冲阵扶危主，只有常山赵子龙！由当阳长坂坡赵子龙单骑救主的故事所折射出的悠久绵长的三国文化犹如一朵绚烂的奇葩盛开在中华大地上。

当阳与周边城市关系

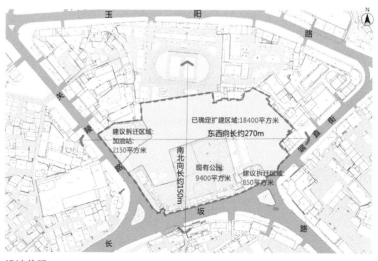

设计范围

总平面图

整体效果图

彰显长坂坡古战场遗址的三国文化气息及先贤们的铮铮铁骨所凝结出的精神，是设计立意的始发点。

依三国文化之底蕴建长坂坡公园，凭"刘玄德携民渡汉，赵子龙单骑救主"与"张翼德大战长坂桥"的故事之天成，汇古于今，用今天承载历史，融今于古，让时代放飞故园的追梦，不仅为市民提供一个舒适的开放休闲空间，还为城市旅游、休闲健身、商业文化提供极具吸引力的舞台。

20.2.2　传承与创新

本次设计中创新运用新中式景观设计手法，把传统中国文化与现代设计手法相碰撞，以内敛沉稳的三国文化为出发点，融入现代设计语言，为现代空间注入中国古典情韵。从而使传统造园艺术在当今社会得到更合适的体现。突破了传统风格中沉稳有余、活泼不足的问题。并且注重材料的选择与运用，打造精细化小品与铺装样式。

20.3　整体景观设计思路

整体园区采用自然式布局方式，灵动活泼，似一张山水泼墨画卷。公园由纵向的景观轴线和横向的时光长廊构成骨架。纵向轴线以景观为主，横向时光长廊由路网和活动场地串联成空间上的轴线。丰富的小品设计穿插其中。东西两侧各增加两处入口，组织游园形成游园步道。园区主要分为：西入口区、古广场演义区、子龙

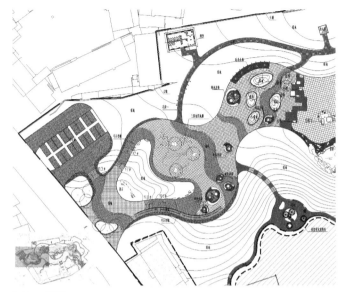

西入口平面

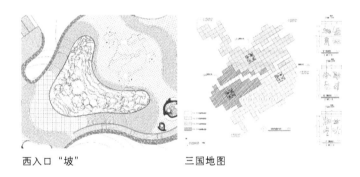

西入口"坡"　　　　三国地图

铺装材料

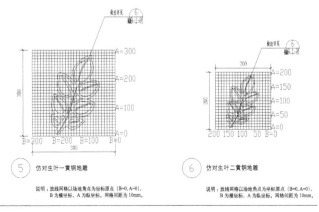

黄铜地雕树叶

围树椅索引

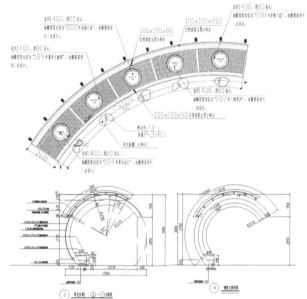

时光长廊

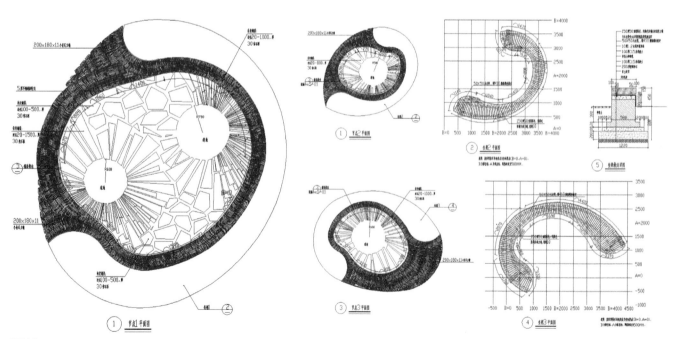

围树椅

阁山地景区、竹林广场区、东入口区。整体铺装的材料
上大量运用古朴、内敛的材料如青瓦、当地多产的青石、
小料石、青砖等，突出精细化设计。注重南方植物搭配，
达到步移景异、以小见大的景观效果。

古广场演义区

20.4 分区设计

20.4.1 西入口区

西入口景区为园区主要人流入口，约2000m²。既
要有满足大量人流通过的开敞空间，又要兼顾小环境的
氛围营造。

（1）景观界面处理

在入口的设计中需要考虑与商业建筑形成统一的景
观界面。设计中延续商业街的青砖铺装形式，并过渡到
入口区域。入口的绿岛形式有效分离了人群，并增大绿
化面积。种植高大乔木，增强迎宾性效果。北侧设置绿
色停车场，满足一定的停车需求。

（2）"坡"的概念

入口区域有4.2m的高差变化，利用现有地形，设计
中引入长坂坡"坡"的概念，形成由西向东的绿岛，中
间设置雕刻"长坂坡"字样的景石，周边并配有自然的
丛生植物，并且铺地材质选择古朴内敛的材料，更好地
营造古战场氛围。人流结合两侧的毛石顺"坡"从两侧
引导，两侧考虑无障碍设计。

（3）三国地图小品

三国地图小品的设计，是入口处的一个亮点，由形
似中国古代活字印刷的矩形花岗石组成，高低起伏的石
块象征着三国鼎立时的国土板块，不同的三种颜色石材
以抽象的形式分别代表着魏、蜀、吴三国，长江与黄河
从中流过，不禁让人回想起那金戈铁马的年代。石材上
端雕刻着四种书法字体，能方便满足从四个方位的观看。
铺地上雕刻着黄铜羽状树叶，结合夜晚的射灯照明，形
成良好的景观观赏性。

（4）休闲区

从开敞式的广场进入休闲区，在这个区域中，游人

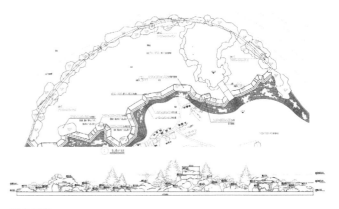

山水瀑布

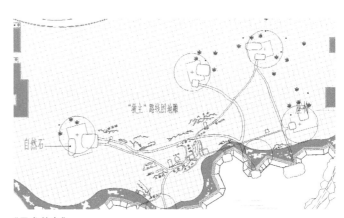

"子龙救主"

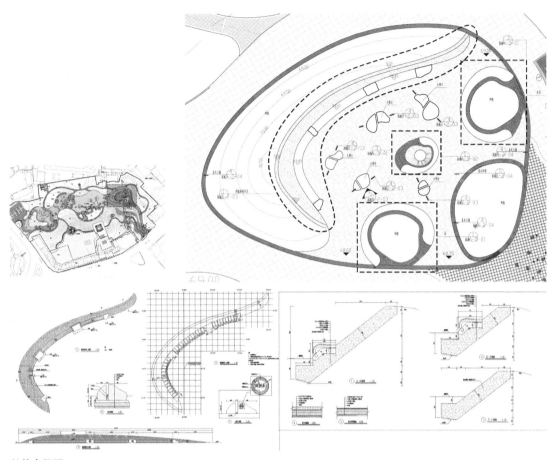

竹林广场区

穿梭在栎林绿荫中，更好地为游人提供交流休憩空间。其中设置大小不一的围树椅，由三种规格组成。围树椅的设计整体呈弧形，坐面采用防腐木，并且结合区域地面铺装设计。地面铺装最外两圈采用青瓦立铺，中间选用块状青石过渡到里圈的条状青石，呈发散铺的样式，中间则种植特色树种。材料的选择上，更加注重突出古朴、内敛的文化气息，同时增加趣味性。

时光长廊的设计采用现代与传统相结合。整体为钢构架，外面装饰木条，形成弧形廊架，下设置与廊架一体化设计的座椅。长廊记载着"时间"，在铺装上设计三国大事迹，提取汉代纹样，通过经典故事绘画的形式体现出来。铺装上选用青石田字纹样铺设结合自然面小料

石，对面的石块起名"时间胶囊"，石块中间儿童可以埋放东西，增强了空间的参与性与趣味性。

20.4.2 古广场演义区

古广场演义区占地 2400m²，为开敞硬质空间，南侧子龙阁与北侧忠义亭遥相呼应，形成景观轴线。利用现有高差地形，打造山水瀑布，地面雕刻子龙救主七进七出地图，强化主景区子龙精神。

（1）山水瀑布

考虑到原公园与现扩建区域有 10m 高差，山水瀑布的设计很好地解决了这一问题，自然置石的堆砌，结合特色树种与滔滔的水声，吸引人群，聚集人气。

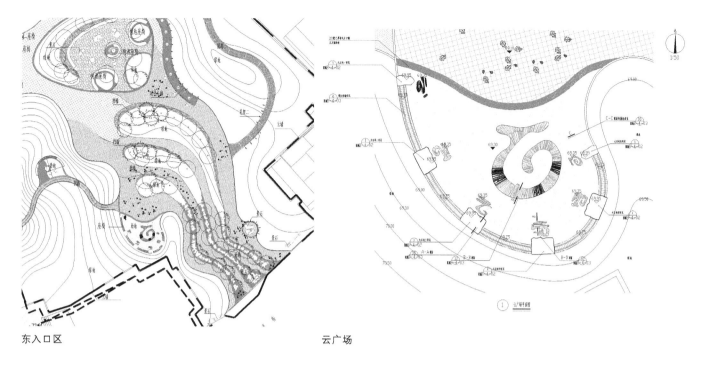

东入口区　　　　　　　　　　　　　　　　　云广场

（2）"子龙救主"地雕

三国故事令人荡气回肠，赵子龙大战长坂坡更是一曲豪气冲天的英雄史诗。根据子龙大战长坂坡的整个地理布局，还原历史。材料考虑选用铜质，样式需二次设计。在主要地理位置的周围，布置景石，地面自然雕刻七叶树的叶子。置身这片浸满英雄历史的土地，人的心绪恍然间竟能慢慢地淡定下来，追忆那一时的光景。一草一木，一砖一石都曾记载和讲述着曾经的历史与沧桑。

20.4.3　竹林广场区

竹林广场位于整个园区的东北方向，紧邻古广场演艺区，属于静区。整体区域一侧为弧形倾斜面的自然毛石挡墙，自然放坡，结合座椅；外围种植密竹，起到很好的遮阴作用并给游人提供更多的私密性休闲小空间。空间内设置几组景观置石，上面雕刻着特有的公园LOGO图案，夜晚灯光从中打出，营造诗意的竹林秘境效果。铺装材料上外围由两道立瓦收边，里面则选用与主题意境相符的质朴的青石碎拼，游人步入其中更加的轻松惬意。

20.4.4　东入口区

入口位于公园的东南侧，整体平面呈流线形，两侧地形相夹，地势平坦。入口三条绿带的引导，引出三组自然山坡的走向，游人可穿梭其中。西侧的云广场的设计，采用枯山水的设计手法。一条园路穿梭林中，连接入口处与竹林广场。入口处的铺装设计采用瓦片、青石的搭配，同样设计铜质栎树叶子地刻，渐变的形式与青草镶嵌。

（1）"坡"

"坡"的寓意象征三国鼎立。利用三个不同高度的断面坡度体现，由自然毛石形成斜面挡墙。上面设置铜质标志，引导人流。三个山坡的高差比都是50cm，游人从入口看去好似一片整体的山坡，形成"横看成岭侧成峰"的效果。

（2）"云"广场

云广场为一个弧线形区域，背靠自然山体，形成良好的休闲空间，还为儿童提供了玩沙场所。采用枯山水的设计手法，整体铺装采用白沙铺设。中间设计4m×4m的艺术云字地刻，选用300～500mm长条状青石立铺的方式，高出沙地150mm。材料的选择更好地体现出古朴文化的特性。在区域外围设计一圈防腐木座椅与景石搭配。每块景石对应不同的艺术云字体。设计时考虑沙坑排水问题，防止积水。

20.4.5　子龙阁山地景观

该区域属于保留区域，以子龙阁为主景，保留现状树木，两侧山地各设计一组休闲平台，地面雕刻铜质栎树树叶，铺装选用240mm×120mm×60mm仿古立砖，外围白色卵石散铺。

20.5　植物设计

长坂坡公园种植主体突出四大特色：滨水植物群落、文化植物群落、春花植物群落、彩叶植物群落。

其中滨水植物群落位于古战场演义区山水瀑布南侧山坡，以水杉、黄连木、日本野漆树为主要树种，搭配观赏草、地被花卉及藤本植物，层次丰富，形成宜人自然的滨水植物景观群落。

文化植物群落为公园种植特色的重点，分布于东入口区、古广场演义区以及西入口区：东入口区以栎树及大规格乔木朴树等沿坡势种植，强调古名"栎林长坂"的气势；古广场演义区将种植池与子龙救主古战场地图相结合，种植大乔木朴树，体现古朴风格，展现子龙精神。

西入口区则将种植池与形为三国地图的小品结合，孤植大乔木复羽叶栾树、合欢、椿树，配合小品形成三国鼎立的国土板块，还原三国文化。

春花植物群落位于广场北侧山坡，以望春玉兰、菊花桃、品霞桃、樱花为主。

彩叶植物群落位于广场南侧及东侧山坡，以元宝枫、鸡爪槭、红枫、红叶李、日本野漆树、毛黄栌为主要树种，配以色叶灌木火焰卫矛、火焰南天竹，形成以秋景为主的坡地彩叶植物景观。

全园贯穿适地适树原则，植物种类均为华中地区适宜并且观赏特性良好的树种。常绿与落叶，阔叶与针叶，乔木与灌木，地被与草坪相结合，层次丰富，疏密有致。

21 与场地地脉、文脉交相呼应的景观规划、设计探索

——内蒙古自治区呼伦贝尔市鄂伦春自治旗拓跋鲜卑民族文化园详细规划

◎ 千寻（北京）规划设计咨询有限公司

21.1 项目背景

拓跋鲜卑民族文化园项目位于内蒙古呼伦贝尔市鄂伦春自治旗嘎仙河流域。项目所在地是典型的大兴安岭森林区，是对中华民族历史产生重大影响的拓跋鲜卑人的祖居发源之地，也由此，项目拥有不容忽视的地域历史文化沉淀与场地先天景观脉络。

拓跋鲜卑民族文化园项目旨在建设成为一处互动引导式的、以拓跋鲜卑遗址文化探索和体验为主题的、生态型全季节休闲度假旅游区。

"贯穿拓跋鲜卑文化主题、体现北国森林生态环境特征、构建宽松而富有整体感的游览体验体系"是项目规划与场地景观设计的三大基本原则。

21.2 方案总体构思

拓跋鲜卑民族文化园总占地面积约 169km^2，核心规划区约 16km^2。根据嘎仙河流域地形地貌与旅游活动内容、程序的设定，项目总体划分为一个节点六大功能区：

——入口标志区：相对远离核心开发建设区的独立小节点，起到标识作用，是整个园区所囊括的嘎仙河河谷的进入心理点。

——主题酒店区：以拓跋鲜卑文化为内涵、为旅游生活体验的度假接待设施。包括了酒店主体、滨湖餐饮中心、森林文化主题公园。

——博物陈展区：融合了历史文化陈列、游客接待、交通游览组织等多元功能的综合型功能区，包括两处博物馆（鲜卑之源历史博物馆、地质博物馆），一处游客中心，一处中心活动广场及中心停车场、电瓶车换乘广场。

——中心观瞻区：围绕嘎仙洞形成的朝觐区域，包括正对洞口的湿地栈道、洞口区。

——湿地公园区：以嘎仙河湿地为依托，充分展现北国独特湿地生态之美的景观游览区，通过栈道将不同的湿地地段、湿地景观组织起来，同时，设置祭祀广场与朝觐廊道。

——冰雪度假区：以河谷二道沟多样山地地形为依托，形成的集滑雪、滑冰、冰雪娱乐、冰雪度假于一体的主题度假功能区。

——户外体验区：以四道沟及其后方嘎仙河流域沟谷为依托，包括帐篷酒店、山地徒步（骑行）步道、露营休憩平台等设施。

21.3 景观的环境与文化基础

21.3.1 场地环境特征

拓跋鲜卑民族文化园沿嘎仙河河谷展开，为东南—西北走向，呈现出大兴安岭特有的舒缓山地沟谷地貌特征。

山林—坡地—河谷湿地—河流—河谷湿地—道路—坡地（崖壁）—山岭，是整个河谷典型的切面特征。

沿着河谷溯源而上，沿途则又分布着许多宽阔的支沟，位于规划核心区的为一道沟至四道沟。各个支线沟谷构成了旅游设施布局的潜在场所，同时也是深入探访大兴安岭生态与文化的重要支线路径。

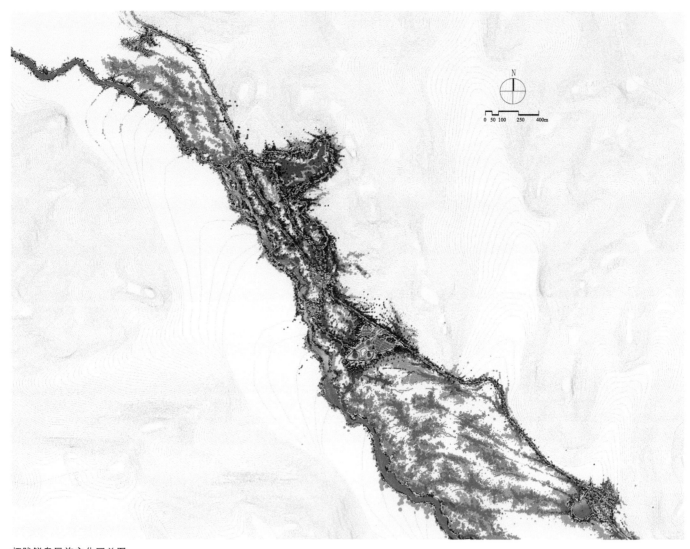

拓跋鲜卑民族文化园总图

对园区景观形态有重大影响与引导作用的场地因素还包括线性与片区结合的空间结构。

整个片区空间由一条现状主干道串联，主干道与区域核心文化遗址——嘎仙洞的洞口——呈平行关系。

由于沟谷宽大，在线性空间两侧，分布着多样化的片区空间，包括湿地草甸、山林缓坡地、小型湖泊、支沟坡地等。

21.3.2 区域文化特征

嘎仙河流域及其周边大兴安岭森林区一直是中国北方古代森林民族的生存生活空间，时至近代，也是另一森林民族——鄂伦春人的森林生活主要空间。因此，拓跋鲜卑人的历史存在、生产生活就构成了本区域文化的主体，同时，当代鄂伦春人的生活生产以及大兴安岭区域更早人类遗留的岩画等构成了本区文化的次级存在。

森林文化是本区域地域历史文化的总体范畴，其核心体现为依托森林的生产生活与独特的森林意识。就其显性可感而言，狩猎与简单蓄养是最基本的生产方式，崇拜原始萨满宗教，以就地取材、构架方便的撮罗子（仙人柱）为居住空间，较多利用桦树皮、兽制品等森林特产满足日常所需。

对本区域文化的范围界定，有一种合理的延伸，即是包括拓跋鲜卑人离开嘎仙洞入主中原期间将近600年历史所形成的历史文化。

此外，作为拓跋鲜卑人历史生存生活的核心遗址，嘎仙洞以其崖壁洞穴形象，成为一处融合自然与文化双重基因的独特天然景观。

21.4 景观规划设计理念

21.4.1 总的理念

实现景观与场地地脉、区域文脉交相呼应。

这一理念可以解析为：

在充分展现区域原生之**美**与深邃意境的基础上，园区总的景观格局、景观体系实现与环境的彼此尊重、互相衬托。具体的景观设施（建筑、构筑、环境小品等）充分融入环境、沉淀文化，具有鲜明的环境与文化暗示，同时又有显著的独立审美价值。

21.4.2 大尺度景观规划理念

——与大兴安岭河谷地貌融合，彰显原生之美、从容之意；

——形成情感不断递进、体验不断丰满的旅游游览过程；

——实现大区域旅游设施网络化组织，小区域旅游设施相对聚集，形成有序的游览进程与跌宕起伏的游览节奏；

——保护自然生态，顺应地形变化，合理引导游览路径，充分彰显生态、地质整体之美与多样之趣。

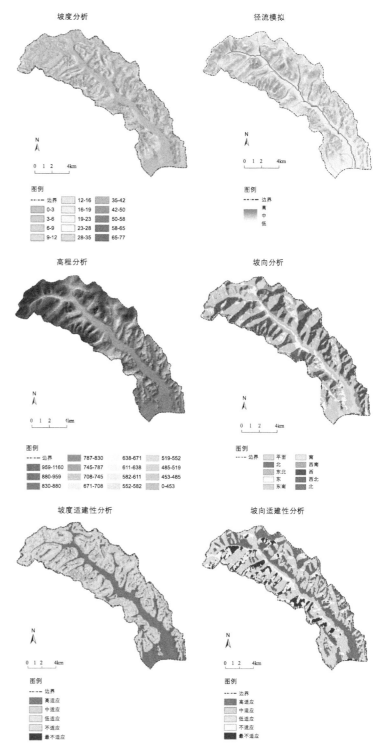

21.4.3　设施构筑景观设计理念

——以小见大，见微知著，巧妙展现森林文化的独特性；

——展现对生态的尊重，对文化的当代理解；

——发挥个性环境优势，创造细腻的"文化—自然—设施"叠加体验。

21.5　景观手法与景观语言

21.5.1　区域——集簇与联系

景观特征：

建筑、遗迹、天然景观组团（集簇）—河流、森林、道路（联系）—建筑、遗迹、天然景观组团（集簇）。

21.5.2　路径——蜿蜒、生态

景观特征：

与地形的匹配，构建宽大面域的纵横联系，生态地段尽可能使用架空栈道。

21.5.3　面域——围合、过渡

景观特征：

强调通过构筑物与环境设施自然围合，面域空间（广场、平台……）应起到不同景观地段有机联系与过渡的作用。

21.5.4　形体——暗示、演绎

景观特征：

以撮罗子、嘎仙洞口、白桦树枝干及纹理等作为景观形体塑造的主要灵感，强烈呼应地域自然与文化内涵，彰显鲜明的生态建筑理念及对建筑物的当代性理解。

21.5.5　细部——内涵、肌理

景观特征：

与景观形态采取类似的设计手法，呼应本区域自然与文化内涵，同时，在材质肌理、色彩上体现文化的厚重与生态的有机。

21.5.6　软景——原真、渗透

景观特征：

以嘎仙河谷原真的山林植物景观、湿地植物景观作为主要软景素材，通过人工路径向软景的渗透及软景向人工构筑物场地渗透，实现景观的交融创新与体验的原生态。

21.6　景观游览体系组织

拓跋鲜卑民族文化园在基本功能区划基础上，形成了一种沿河谷递进、扩散的景观体系，以此实现对整个嘎仙河流域多样性景观地段的展示与利用，同时也展现了拓跋鲜卑历史文化赋存空间的多样性及本区域旅游生活与体验的多样性。

总的景观游览组织体现出如下特点：

多线并进、分类展现。

——开辟山地森景廊道，展现森林文化景观。

避免对园区自然森林植被进行大幅度人工改造，主要通过开辟森林栈道、适应地形的游览车道来展现森林景观风貌。

栈道与游览道的开辟，应结合地形的变化，考虑有景观价值的石头等的展示利用。

栈道的设计是森林景观建设的重点，应充分考虑其走向、高差起伏、外观色彩等，做到与森林景观融合协调，独具人文艺术气息。

——建设湿地栈道体系，展现湿地生态景观。

对于湿地景观，展现的重点是突出其原生风貌、实现舒缓的旅游结构。规划设计构造了以网络栈道为主的观景游览设施，在湿地水网集中区形成湿地景观公园。

应通过完善的湿地（植物）知识讲解系统，让游客更深入了解嘎仙河北国湿地内涵。

——开辟虚拟视觉廊道，加强人文景观纵深。

文化园内最主要的人文景观是嘎仙洞，千百年来，

岩画广场

千寻建筑：鄂伦春嘎仙洞2

千寻建筑：鄂伦春嘎仙洞1

岩画广场

湿地木栈道：标准段+休息平台

节点

湖边餐厅

林间节点

标准段＋单护栏

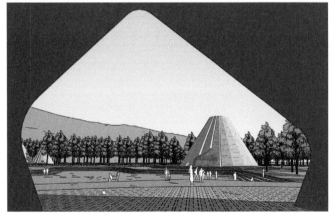

新游客中心

嘎仙洞因人类影响较少，一直保存着原生面貌，呈现出寂静、拙朴的场所气息。

对这一人文景观的处理，其核心是维系这种寂静的状态，使之呈现出一种沉默的力量。因此，洞口本身不做任何大幅度的人工处理（这也是文物保护法所限定的）。

为了进一步实现对嘎仙洞原生场所气息的张扬并满足游客朝觐需求，需开辟专门的祭祀广场并形成具有庄严感的朝觐廊道。现状看，嘎仙洞洞口与主干道均呈非正对状态（洞口为西南朝向），因此，需要开辟新的景观廊道。

规划在更加正对洞口的嘎仙河河谷设置祭祀广场，并在不增加多余游览路径、不违背文物保护限定的前提下，以少量点状景观构筑物营造出一条直通嘎仙洞的虚拟视觉廊道。

21.7　重要的景观构型

21.7.1　博物馆（游客中心）

以典型的森林建筑撮罗子（仙人柱）为造型灵感，形成具有向上感、凝聚性的标志建筑，以此呼应大兴安岭森林文化的典型意象。两座一大一小同样构型的博物馆与一座体块倒置的游客中心，组成了互相呼应又别具趣味的整体设施景观群落。

由于建筑造型的独特性与体量感，整个博物馆（游客中心）建筑群具有很强的雕塑感与视觉凝聚力。

在具体的造型上，将嘎仙洞洞口作为撮罗子造型的入口，形成两种极具暗示意义景观的叠加，这种暗示有较强的显性，使人能够立即阅读出森林文化、鲜卑文化的存在，同时，通过建筑外观材质的细腻表达，强化了建筑本身的审美感，使这种文化暗示保持适宜性。

21.7.2　主题酒店

拓跋鲜卑主题酒店由酒店主体与滨湖餐饮中心两个核心功能设施及森林文化主题公园这一辅助景观区域共同组成。

酒店

酒店入口

由酒店的位置地形及景观多样性诉求决定，酒店采用了一种与博物馆向上感相对的造型方式——如同平面伸展开的桦树枝条。

正是因为酒店的缓坡地形，使得这样一种平面造型呈现出明显的层次感，客房（树叶）成为平面与纵向两个层次的韵律跳跃点。

滨湖餐饮中心则采用了一种围绕小型景观湖泊宽松环抱式的布局，让景观湖泊成为视觉、休闲、景观感知、心理依赖的综合焦点。建筑则采用干栏式构筑方式，尽可能使建筑体深入水面，形成更加鲜明的环境融合感，实现了人与自然更无间的对话。

21.7.3　岩画艺术广场

岩画艺术广场是拓跋鲜卑民族文化园具有特异性的主题景观群落。广场位于旅游线路的后半段并融入湿地草甸区域。

加强文化景观呈现力、阅读力是岩画艺术广场景观建设的基本理念。因此，规划设计通过场地的纹理化组织，构建出一个个阅读岩画艺术的独立小空间，同时，通过岩画艺术新的载体（石墙）的错落布置，形成兴趣点的跳跃，推动游客不断观看下去。

21.7.4　湿地栈道

湿地栈道是园区生态路径的典型代表，其景观形式体现了对生态原真性的尊重与对生态景观的合理介入式体验。

在具体的景观路径设置上则充分考虑了网络化的结构，以最大限度地分散小区域人流压力，同时实现对不同湿地景观状态的充分呈现。

栈道采用纯木质结构，其宽度确保游客轻松并行与交叉，其高度确保与河谷常水位的合理隔离并在洪水期具有浅淹没的效果。

栈道具有明显的韵律变化，这种变化体现在转折前进节奏与节点景观的设置。主要的节点景观包括方形平台与船形休憩设施。船形休憩设施的设计，将本区域桦皮船这一主要人文景观元素有机地融入游览体系，实现了极富趣味的文化提醒。

21.8　结语

拓跋鲜卑民族文化园的景观规划设计充分体现了对独特文化与生态区域自然、文化两种脉络的尊重、呼应。在具体的景观创造中，这种呼应首先体现为整体格局上的顺应、融合，其次则体现为视觉上的联系、联想。创作本方案过程中的一个重要感受是：对自然与文化的象征性表达手法应找到最合适的度，足以让人在从容品悟中会心一笑。

这就要求对建筑、景观进行更加充分的二次形体创作与细部刻画，使建筑与景观本身的美感得以充分呈现，如此方能让建筑与景观具有超越一地一时的恒久意义。

22 复杂山地地形的景观建设与场所精神营造
——贵州省六盘水市盘县紫森清源佛文化旅游区

◎ 千寻（北京）规划设计咨询有限公司

22.1 项目背景

　　紫森清源佛文化旅游区位于贵州省盘县老黑山，项目地紧邻贵昆高速，与贵阳、昆明两大区域中心城市距离均在300km以内，距盘县城区则仅约5km，交通非常便捷。

　　项目的发起方为盘县民营能源企业紫森源集团。"建构庙宇、寄托心灵，发展旅游、服务社会"是项目业主的夙愿，因此，在综合权衡开发主线与交通区位关系的基础上，紫森清源项目确定为一处"以佛教旅游为主线的城郊综合型生态文化旅游区"。

22.2 方案总体构思与景观创新空间

　　业主对项目基本功能的设想包括这样五个方面：寺庙礼佛朝觐（近期）、以儿童青少年为主的设施娱乐（中

1 牌坊	8 天王殿	15 念佛堂
2 八功德圣水	9 毗山廓	16 禅堂
3 四圣法界	10 配殿一	17 观音殿
4 山门	11 配殿二	18 藏经阁
5 放生池	12 法会广场	19 朝阳塔
6 钟楼	13 大雄宝殿	20 随墙门
7 鼓楼	14 诵经广场	

寺庙部分平面

期）、商业休闲（中期）、会所式度假接待（中期）、森林休闲与景观农业休闲（远期）。对上述近中期功能的分别实现与优化组合，大致构成了旅游区的分区格局。

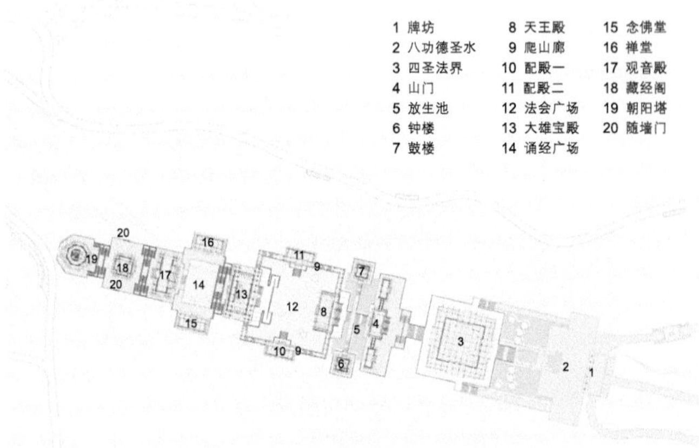

　　基于上述不同功能体系的基本主题，秉承充分实现与引领游客需求、创造深度体验的原则，规划设计尝试了持续的、多层面的景观创新。

　　总的看来，紫森清源项目面临的先天场地条件与独特文化题材，无不蕴含着景观及其内在体验的广阔创新空间。

　　这首先体现在独特的山地场地条件方面：

　　紫森清源项目占地面积约100hm²，用地条件较为复杂。现场考察可知，大坡度山谷、零散台地、沟谷溪流等构成了重要的先天场地景观。对地形特征的发挥与对水元素的利用构成项目在空间组织上的重要考量，这种考量又需要与不同功能设施对场地的需求相结合。

　　规划的一个基本出发点是：依托山地地形，实现极富层次的山地建筑审美；发挥环境优势因素，营造层次丰富，生态气息与人文氛围融合的小场所景观。

　　景观创造的第二个依托在于佛文化体验：

　　佛文化景观的创新基于当代佛教文化旅游项目的演进，随着以海南三亚南山佛文化旅游区、无锡灵山佛文化旅游区为代表的一批新型佛文化旅游项目兴起，作为旅游区，传统的寺庙格局极大改观，文化的释放、体验的强化成为开发的重要考量。

　　这样一种创新，符合当代社会对佛文化的认知理解，符合人间佛教的时代精神。

　　大地修复构成了景观创造的第三个领域：

　　场地中的一些人类生产破坏痕迹（主要是煤炭工业

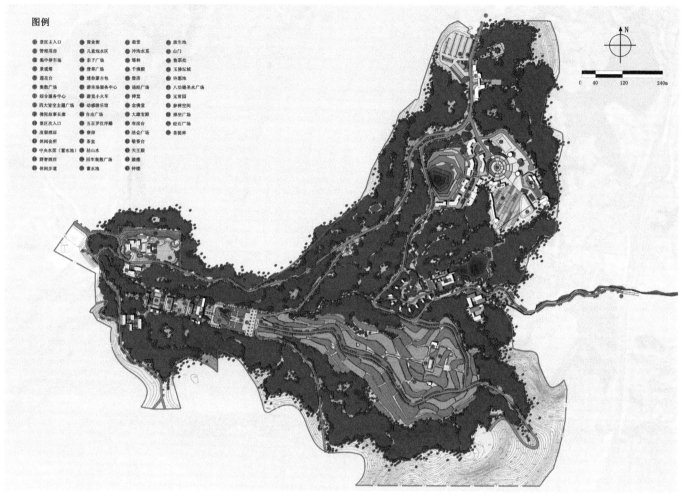

总平面

基础生产造成的地标破损，包括山体切割、废料场、矿坑等），在作为一种建设挑战的同时，也构成了景观创新的基础。

22.3 基于山地地形的总体景观格局与景观特征

22.3.1 总体景观格局

寺庙是建设的核心，其他功能需求处于次一级的地位。总体上，寺庙需要较为清静的环境，能够营造出寺庙的庄严感；儿童游乐与商业休闲则要求较为开敞的空间并便于抵达；会所式度假接待则需要较为隐蔽且环境具有宽松度的场所。

从现场看，能够满足上述功能需求的地块呈分散分布状态，需要进行景观视觉的整体组织与交通流线的统筹安排。

结合地形与项目功能体系，规划提出了总体景观格局建设与创新的核心思路：

有机组团式景观布局，台地跌落式景观节奏。

这一布局方式包括如下特点：

四圣法界

紫森清源生态文化旅游区

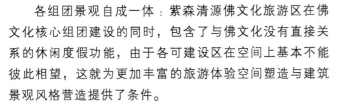

现状照片

　　各组团景观自成一体：紫森清源佛文化旅游区在佛文化核心组团建设的同时，包含了与佛文化没有直接关系的休闲度假功能，由于各可建设区在空间上基本不能彼此相望，这就为更加丰富的旅游体验空间塑造与建筑景观风格营造提供了条件。

　　充分发挥小地形优势：规划范围内各分区小组团的海拔与内部地形各不相同，但大多数都呈现出明显的坡地特征。一方面，各个组团间呈现台地跌落的天然势态，另一方面，各组团内则可结合地形，进行更加富有山地层次的跌落式建筑景观构造。例如拟定布局寺庙的沟谷呈西北—东南走向，有利于建设台地式寺庙建筑聚落，营造逐级抬升的宗教体验氛围。

　　文化与景观贯穿园区：各个有机组团共同构成了紫森清源佛文化旅游区，游客则需在不同的组团间穿行，因此，应通过强化文化脉络的贯穿与整体景观元素（如水景、植物等）的呼应来强化不同组团间的物质沟通与心理感知整体性。

22.3.2 重要景观策略

在具体的景观策略上，规划设计强化了如下三点：

——强化水系景观整体性：场地现状水系主要为从西北沟谷流向山谷洼地，水流量较小。新的规划方案对水系进行了整理，结合寺庙，形成穿绕于寺庙区的文化水景，水系从寺庙前广场流出后，顺地形进入山谷内的度假会所区，通过梳理地形，形成溪流、湖泊等多种水景样式。另外，在商业休闲区的台地内，结合遗留矿坑，建设景观水池并与山谷水系连通。

——台地化寺庙景观聚落：寺庙位于旅游区西北方的山谷内，整个谷地高程变化剧烈。结合地形变化，将寺庙建筑群落（主要包括山门前广场—山门—天王殿—大雄宝殿—观音殿—佛塔）依次布局于沟谷内，形成轴线式台地建筑景观。

寺庙建筑聚落是整个旅游区最主要的轴线景观，构成了整体景观组织的重要参照。

——延伸佛文化主题游线：为增强整个旅游区各组团的联系，从旅游区入口处起，规划一条佛文化主题景观游线，该游线从商业休闲娱乐区外围经过，经四大皆空广场至寺庙前广场，绕行菩提禅林区并最终收于度假会所区。

整条线路的佛文化景观采用线点串联式，并结合经行区域的不同，进行文化氛围强弱、主题内涵的合理调整。

22.4 佛文化景观创新

本项目佛文化景观的创新体现在三个方面：

22.4.1 禅修功能的强化

在参照伽蓝七堂建设寺庙格局的基础上，规划设计首先在功能上增加了更多的禅修空间，其实质是使游客

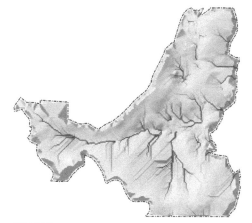
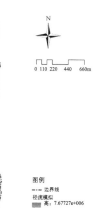

径流模拟

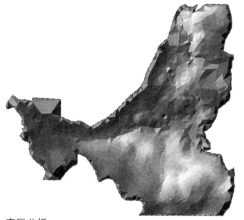
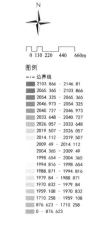

高程分析

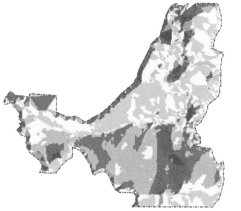

黑山坡向分析

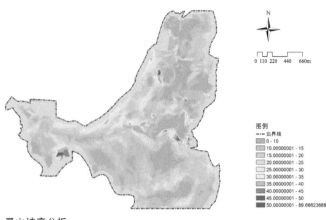

黑山坡度分析

矿坑改造

在简单的朝觐礼佛、寺庙观光之外，能够以更加平和舒缓的方式深入体验佛文化并实现对身心的净化修炼。

禅修空间在景观上与寺庙本身的庄严感体现出差异，场所精神、心灵启发是禅修空间景观设计的基本主旨，在具体的景观风格与形态处理上，则体现了如下特点：

——静默、沉思的总体环境氛围；

——地方民居意蕴与禅意的结合；

——台地建筑与小场所氛围强化；

——通过植物软景烘托禅意精神。

22.4.2 主题景观的塑造

方案着重塑造了两大主题景观。

（1）四大皆空

进入佛文化主题功能区之前，规划在主干道一侧，利用边角场地，营造一处名为四大皆空的广场景观，作为佛文化体验的第一节点。其意在信众香客朝觐礼佛之前，需使自己内心空无所住，才能更加感受佛文化之博大精深，佛国境界之高妙脱俗。

四大皆空广场以佛教"地火水风"世界构成观念为题材，通过地表肌理与景观置石，展现了这四种基本物质的存在，在具体的景观手法上则以拙朴来体现世界之本源，以相与非相并结合佛学经文的微刻，展示空之境界。

（2）四圣法界

四圣法界这样一种景观形式在传统寺庙建筑环境体系中是没有的，属于较为典型的佛文化景观体验当代创新。四圣法界取材于佛教教义中对声闻、缘觉、菩萨、佛四重修炼境界的描述，在建筑景观形体上，则借鉴了金刚坛城的造型。

规划将该景观置于寺庙前区，通过对佛文化至高哲理的形象化表达，给游客带去视觉冲击与心灵启悟。与此同时，该景观体量较大，内部空间还可作佛文化体验与旅游经营之用。

22.5 地表破损的景观化处理

规划区内历史上的能源工业生产活动显著改变了场地原生地貌，用地内有较大面积的煤炭生产遗址地（相对平整）、采矿遗留的小型矿坑、挖山取砂遗留的山体切割破损面，以及从山脚蜿蜒而上的一条崎岖不平的运输便道。

"结合文化景观建设，基于遗留场地进行生态修复"是规划设计的一个基本思想。在具体的处理上，则形成了如下景观效果：

——将被破损切割的山体改造为五百罗汉山。经过清理破碎表层后，将五百罗汉栩栩如生地雕刻于山体表

四大皆空

禅房

景观建筑

效果图

面，形成尺度极大、具有震撼力的佛文化景观。而结合工程建设，将进一步加固山体，未来此地的地质稳定性将得以确保。

——结合商业休闲街将矿坑改造为下沉广场并与小型水幕投影结合，形成动感的室外活动场地。在具体的处理上，依托矿坑的不规则形，设计了灵动自由并逐级下沉的广场空间。

——利用煤矸石料场较为平整的场地，改造为多样设施组合布置的儿童活动中心。

22.6　结语

紫森清源佛文化旅游区建设于独特的地理空间，依托于独特的场地条件，以传统但具有极大创新可能的佛文化为主题，这都为景观创新提供了机遇。不难看出，遵循自然、因地制宜这两条恒久的景观法则构成了规划设计的重要出发点。但仅此是不够的，在越来越注重人的体验，注重人与环境对话的今天，人与环境的交互构成了设计的另一基本主线，本项目中，规划设计进行的一切尝试，都围绕着这条主线，以期创造出"有直抵心灵渗透力"的景观。

23　北京市中央电视台媒体公园设计方案

◎ 北京市园林古建设计研究院

23.1　现状概况

中央电视台新台址园区位于北京 CBD 中央轴线上，由主楼（CCTV）、电视文化中心（TVCC）、能源中心（服务楼）、地下车库和媒体公园组成，媒体公园面积 2.56hm²。设计范围为 N10 规划道路以东，N11 规划道路以西，服务楼以南，光华路以北。

23.2　设计策略

宏观印象——绿毯。

地块被众多个性鲜明的地标高层建筑围合，设计中追求景观俯瞰时给人带来平静与柔和，以连绵的绿色树冠和疏朗的草坪为主，天然去雕饰，和谐融入天际，调和城市建筑。

23.2.1 设计创意

绿毯之上的皮拉内西变奏——从"雨点"到"泼墨"。

理念与形态的结合过程中，将已建成的皮拉内西景

央视媒体公园区位

观的"雨点"均匀像素化构图进行"变奏"，将像素圆点变化大小，缩放间距，演绎色彩与质感，形成形态的自然"泼墨"效果。泼墨中隐约可见"山水"，两条自由墨绿的"山谷"，两湾小月水线环绕的"绿毯剧场"，背后是更为宽广的阳光草坪。这不仅是景观的过渡衔接，更是将体现有东方特色的景观天际线纳入北京地标区。

23.2.2 节点设计

（1）公共广场区

公共广场区位于公园最南侧，靠近光华路约 1/4 的空间为开放广场空间，将光华路和 N10、N11 路口 30m 内区域设计为有一定硬质铺装面积的林下广场，同时结合各色花灌木特色的绿岛种植，形成较大的绿色空间，为周边居民和观光者提供休憩、交流以及观赏北京 CBD 典型建筑天际线的空间。利用广场区域内两个人防建筑和地下车库电梯出入口，结合外立面适当营造标志性的景观。

1）公园的公共区和"剧场区"的分隔

靠近光华路约 1/4 的空间定义为开放空间，剩余的约 3/4 甚至更大空间将通过地形和水幕、媒体墙的形态进行分隔。由此为界，适当通过管理手段，南北自然形成了开放空间、绿色剧场和草坪空间。

2）公共开放空间

首先考虑到光华路和 N10、N11 的接口位置都有安保需求，故此，将此路口周边 20 ～ 30m 内设计为绿地，这样，既规避了人流从两侧进入，减少安保和市政交通压力，同时也有利于开放空间主景通道的视线更为集中，有利于营造标志性的景观。

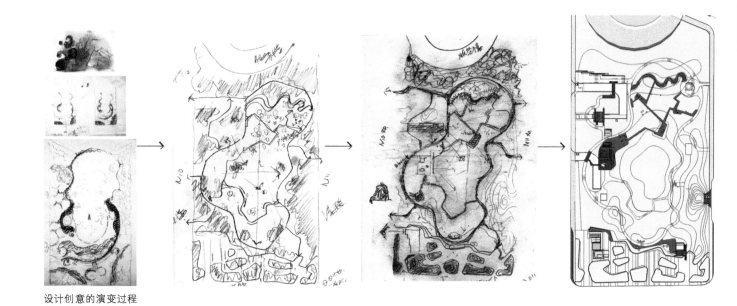

设计创意的演变过程

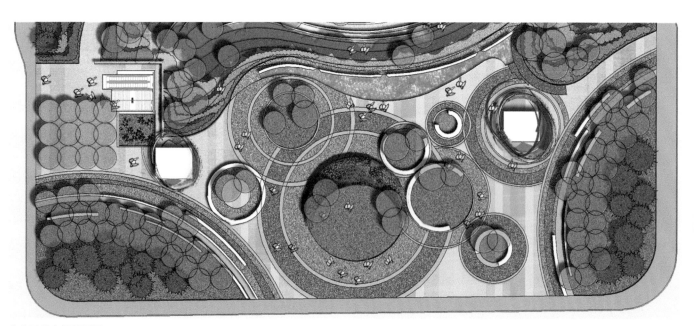

公共开放空间平面图

人防平面位置、立面展示及效果图

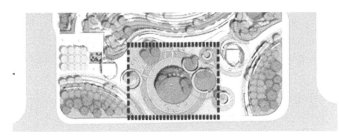

LOGO 平面位置

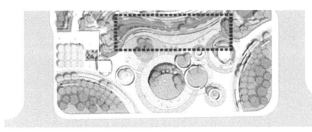

弧形水池平面

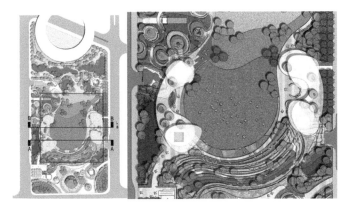

绿色剧场平面图

开放空间中最亮丽和重要的景观为两个人防的外立面处理和水幕媒体墙。

对于 6m 高的人防，可采用圆形包裹，动态屏幕或静态图片表现形式相结合，颜色随季节变化，春天蓝色、夏天墨色、秋天金色、冬天红色。功能用途可以宣传媒体的内容，包括公益性宣传、互动式活动、节目预告等。

开放空间的铺地和座椅均采用皮拉内西的变奏风格，即大小不同的圆形进行组合，或形成铺地，或形成座椅，或形成一些"旱喷"。灯光采用像素化的地灯，结合射灯照亮主景。

3）媒体公园 LOGO 墙

中心区域设立 LOGO 墙，铭刻公园名，以低碳环保的材料制成，并提供电子留言板，增加公园与人们的互动。

4）弧形"项链"

公园的另一个亮点是舞台区和观众区之间的一条宽度渐变的水线，功能上类似中国传统的"护城河"，实际上使用现代的手法来演绎，可以说这是绿色剧场的一条"项链"。同时，这条浅浅的水池，分割了观众区和剧场，在无水的季节，池底将变成一条特色铺装的景观路。

（2）绿色剧场区

1）人防围合空间

绿色剧场最大的设计亮点为将四个人防一同纳入剧场进行设计，将其覆盖于屋顶之下，使得剧场有了更强的围合感。东西的人防屋顶可供摄影机位进行拍摄，或进行高端采访或者设置空中观察茶座。同时屋顶可由长坡道和螺旋楼梯形成复合辅助功能。除此之外，屋顶的特色还包括留有很多椭圆形的种植孔，可有乔木穿过空隙生长，从空中俯瞰，屋顶被绿冠覆盖。

2）剧场与看台场地

绿色剧场本身设计简单，同时预留足够的草坪面积，提供多元化、可塑性强的一片空地，舞台与两侧的人防屋顶相配合，营造圆形围绕的气场。

观众看台区完全采用生态的绿毯方式，南高北低朝向舞台区域，在看台南端，可适当种植一些冠大荫浓的乔木提供荫凉。

交流座椅实景

采访座椅实景

剧场、舞台与看台的效果展示

休闲健身区平面图

在此区域设置了大量的座椅，连续的木座椅供人交流休憩，相对分散的木座椅供录制节目访谈之用。

3）阳光草坪

剧场的北端与服务楼之间，设计了阳光草坪，并且向剧场方向放坡。在靠近服务楼的区域种植彩叶林，成为剧场的背景。

（3）休闲健身区

休闲健身区位于公园北侧，紧邻服务楼。此区域主要以林下空间为主，设置带状林下休闲健身栈道，并局部放大广场。沿路一侧结合观赏草周边布置座椅。广场可以不定期举行各种民众健身、休闲、娱乐活动，为周围人群提供良好的休闲场所。场地中为了遮挡地下车库出入口和人防设施，设计了部分景墙，所有的活动器具都尽量利用回收材料，让孩子们在玩乐的同时，也了解到环保、生态知识。园中的小型儿童设施，可作为儿童的绘画、歌舞等才艺秀场。设计中采用借景、对景等艺术处理手法达到园区与央视主楼、国贸及周围环境相互融合的效果。

1）休闲花园空间

拥有室外采访厅、纪念品展示、员工休闲花园等多个功能区，在 N10 路靠近主楼一侧，设置多个各具风格的小空间，有静谧、半封闭的竹林花园，也有开敞的阳光草地和散置的座椅。小空间内或草坪区域可选择摆放纪念品，与自然景观、节目记录一同成为央视的记忆。

2）下沉曲桥

在彩色林覆盖下，设计一条蜿蜒的高低起伏的弧形桥，与曲桥相连，串起七个不同的小花园。在竹径中穿行，视线变化丰富，这将成为午后散步的一条慢节奏通道。

阳光小花园以下沉曲桥相连，桥身内侧设有灯光和触摸屏，人和多媒体信息之间架起一道沟通的桥。

23.3 植物景观设计

植物景观是公园的氛围得以形成的关键和基础，同时也是生态性和地域性的规划理念的体现。

23.3.1 设计原则

（1）充分利用北京当地乡土植物资源，结合场地特征，适地适树。

（2）强调片区植物配置的整体景观，突出季相变化，营造不同空间氛围。

（3）利用具有代表性的特色植被群落和新树种，创造特色植物景观。

（4）注重乔、灌、草的搭配组合，增加公园的整体绿量效应和生态效益。

23.3.2 植物季相景观设计

植物季相景观设计的原则是更好地体现城市休闲公园以植物造景为主体的景观特质，体现四时不同的季相景观特色，重点突出秋色叶树林的景观效果。

（1）春花：在主要的步行路周边种植一些早春灌木及花卉，种植山杏、山桃、樱花、海棠、玉兰、迎春等春花植物。

（2）夏绿：主要栽植浓荫植物，重点配植色叶树种，在宏观浓荫绿色的统一性基础上力求丰富的绿色系列变化。

（3）秋叶：规划保留原秋色叶树种，并在路两侧多植元宝枫、栾树、白蜡、银杏等秋景树种，达到景区色叶绚烂的植物生态效果。

（4）冬枝：在园路两侧间植雪松、白皮松、华山松、侧柏、油松、红瑞木等，展现冬季的常绿植物景观和观干植物景观。

弧形桥与曲桥平面

弧形曲桥实景

夏季全园鸟瞰效果

秋季全园鸟瞰效果

冬季全园鸟瞰效果

绿色基础设施：公园规划设计